Flechtenkartierung und die Beziehung zur Immissionsbelastung des südlichen Münsterlandes

W0260467

BIOGEOGRAPHICA

Editor-in-Chief

J. SCHMITHÜSEN

Editorial Board

L. BRUNDIN, Stockholm; H. ELLENBERG, Göttingen; J. ILLIES, Schlitz; H. J. JUSATZ, Heidelberg; C. KOSSWIG, Istanbul; A. W. KÜCHLER, Lawrence; H. LAMPRECHT, Göttingen; A. MIYAWAKI, Yokohama; W. F. REINIG, Hardt; S. RUFFO, Verona; H. SICK, Rio de Janeiro; H. SIOLI, Plön; V. SOTCHAVA, Irkutsk; V. VARESCHI, Caracas; E. M. YATES, London

Secretary

P. MÜLLER, Saarbrücken

VOLUME XII

DR. W. JUNK B.V., PUBLISHERS, THE HAGUE-BOSTON-LONDON 1978

Flechtenkartierung und die Beziehung zur Immissionsbelastung des südlichen Münsterlandes

von

V. HEIDT

DR. W. JUNK B.V., PUBLISHERS, THE HAGUE-BOSTON-LONDON 1978

ISBN-13: 978-94-009-9967-1 e-ISBN-13: 978-94-009-9966-4
DOI: 10.1007/978-94-009-9966-4

© 1978 by Dr. W. Junk b.v., Publishers, The Hague
Softcover reprint of the hardcover 1st edition 1978
Cover design Max Velthuijs, The Hague

INHALTSVERZEICHNIS

ZUSAMMENFASSUNG

Die Belastung des südlichen Münsterlandes durch Immissionen aus dem Ruhrgebiet wird an Hand einer Kartierung der epiphytischen Flechtenvegetation gezeigt. Erhebung und Auswertung der Daten richten sich nach der IAP-Methode von De Sloover & Le Blanc (1968). Das 3000 km^2 große Untersuchungsgebiet war in 117 Areale eingeteilt. Kartiert wurde ausschließlich an *Malus domestica.* Pro Areal sind jeweils 10 Bäume, in einer Stammhöhe zwischen 0,50-1,50 m und über 4 Richtungen (NW, SW, SE, NE) untersucht worden.

Auf Grund der IAP-Werte konnten fünf, von Süd nach Nord gestaffelte Luftreinheitszonen ausgewiesen werden. Die südliche stark belastete Zone 1 erstreckte sich dabei stellenweise 25 km in das Münsterland hinein. Insgesamt konnten nur noch 16 epiphytische Flechtenarten (1898 etwa 90) festgestellt werden. In einem Vergleich mit SO_2-Werten erwiesen sich *Hypogymnia physodes* und *Parmelia sulcata* als gute Indikatorarten. Mit größerer Entfernung zum Ruhrgebiet stieg bei allen Flechten der f-Wert (Deckung-Frequenz-Vitalität) an; in gleicher Richtung nahm auch der pH-Wert der Borke des Porophyten zu. Zwischen den beiden Werten, f-Wert und pH-Wert der Borke, bestand eine gute Korrelation. Mit Annäherung an das Emissionsgebiet wurde vorwiegend der SW und die Stammbasis besiedelt. Die Höhenlage der Stationen hatte keinen Einfluß auf die IAP-Werte dafür aber um so mehr die Lee geschützten Lagen von Stationen, die den Flechten bessere Wuchsbedingungen boten.

SUMMARY

The present study attempts to deduce the levels of air-pollution from its effects on epiphytic lichens in the Münsterland caused by the emission source of the Ruhrgebiet adjacent in the South to the investigated area. For the collection and determination of the values the author has used the IAP-method developed by De Sloover & Le Blanc (1968). A distribution map has been constructed by examining the lichen flora of 117 sites located all over an area encompassing about 3000 km^2.

Since *Malus domestica* is relatively abundant in the territory and as it frequently stands isolated in the fields, the author decided to study the lichen-flora of this tree species only.

At most stations data recorded during the careful examination of 10 trees were considered sufficient to give an adequate picture of the lichen vegetation. The tree boles were investigated at a height of 0.50 m up to 1.50 m in four directions (NW, SW, SE, NE). Basing on the IAP-values the author found it possible to distinguish five zones of atmospheric purity proceeding from South to North and extending from East to West. In some places of the Münsterland Zone 1 with a pollution maxima has an expansion of 25 km. Only a total of 16 species of epiphytic lichens was recorded in the area investigation while 90 had still been found in 1898.

Hypogymnia physodes and *Parmelia sulcata* proved themselves to be very reliable bioindicators as also showed a similar investigation of Sulphur Dioxide concentration in lichen flora. With increasing distance to the Ruhrgebiet the f-value (coverage, frequency, abundance) of lichens rose. The pH-data of the barc mounted equally. There was a well-balanced correlation between the f- and pH-values.

The shorter the distance of the sites to the emission source, the more lichens were found in the South-West face and the base of the trees. The level of the sites was of no importance for the extent of the lichen-vegetation, whereas a certain increase in the abundance of lichens could be observed in well-sheltered stations.

1. EINFÜHRUNG UND PROBLEMSTELLUNG

Seit der Beobachtung Nylanders (1866) ist den Lichenologen bekannt, daß sich die Flechten aus den Städten bzw. Industriegebieten immer weiter zurückziehen. Eine Reihe spezifischer Untersuchungen sind seither für Klein-, Mittel- und Großstädte wie auch für Regionen erschienen. Eine Aufstellung dieser Arbeiten geben Hawksworth (1971), Gilbert (1971), Kirschbaum (1973). Das Ergebnis war stets, daß von einem relativ flechtenarmen Zentrum einer Stadt oder eines Industriegebietes die Zahl der Flechtenarten zur Peripherie hin zunahm, wobei sich eine Beziehung zur lokalen Windverteilung herstellen ließ.

Als Ursache dieses Flechtenrückganges in den urbanen Ballungszentren wurde zunächst das trockene Stadtklima verantwortlich gemacht (Rydzak, 1953; Klement, 1955; Steiner & Schultze'Horn, 1955; et al.). Inzwischen stimmen viele Lichenologen mit der von Nylander (1866) geäußerten Ansicht überein, daß die Schadstoffe in der Luft, unter ihnen besonders SO_2, die Deterioration der epiphytischen Flechten bewirken.

Diese Beobachtungen über die toxische Wirkung von Luftschadstoffen gewann in dem Maße an Bedeutung, als Schäden an Pflanzen und Materialien sowie krankhafte Erscheinungen an tierischen Lebewesen sich als Folgen von Immissionen nachweisen ließen. Man suchte daher Verfahren, die Schadstoffkomponenten der Luft möglichst frühzeitig erkennen und in ihrer Wirkungsweise voraussehen zu können.

Die hierfür verwendbaren chemisch-physikalischen Methoden der Luftanalyse haben zwar den Vorteil, Zusammensetzung, Art und Konzentration vieler in der Luft befindlicher Schadstoffkomponenten qualitativ und quantitativ anzuzeigen. Eine Aussage über die Wirkungsweise von Schadstoffen ist dagegen nach dieser Methode nicht möglich, lediglich Vermutungen über eventuelle Schädigungen lassen sich anstellen.

Demgegenüber beruht der Vorteil biologischer Meßverfahren darin, daß einerseits zwar die Pflanzen der Gesamtheit der in der Luft befindlichen Immissionen ausgesetzt sind, sie andererseits aber nur auf die biologisch wirksamen Immissionen reagieren. Aus der zunehmenden Kenntnis der Zusammenhänge zwischen Immissionen und Reaktion der Pflanzen lassen sich allein schon auf Grund morphologischer Erscheinungen an Pflanzen Vermutungen, teilweise sogar schon direkte Aussagen über das Vorhandensein und die Art des Immissionstyps machen. Hierbei braucht die Einwirkung nicht immer zu einer Schädigung zu führen, sondern kann auch eine Förderung bedeuten.

Daneben lassen sich durch Pflanzen auch solche Schadfaktoren erfassen, die erst nach ihrer Aufnahme in den Organismus wirksam werden. Aus der Pflanzenreaktion vermag man schließlich auf bisher unbekannte Luftverunreinigungen aufmerksam zu werden.

Worin beruht nun der Vorteil, Flechten statt anderen Pflanzen als Bioindikator für Immissionen einzusetzen? Unter den Flechten gibt es sowohl toxitolerante als auch gegenüber Luftverunreinigungen sehr empfindliche Arten. Ihre Eignung beruht auf ihrem von den Phanerogamen abweichenden Bau und der andersartigen Funktionsweise des Stoffwechsels. Die Flechten besitzen weder Stomata noch eine Cuticula; somit ist es ihnen nicht möglich, ihren Gasaustausch zu regulieren. Die Aufnahme von Wasser erfolgt überwiegend als ein passiver physikalischer Vorgang. Flechten sind poikilohydre Organismen, in ihrer Hydratur also abhängig von Niederschlag und Luftfeuchtigkeit, sowie dem Wasserpotential des Substrats. Da ihnen ein Ausscheidungssystem fehlt, können sie die in den Thallus aufgenommenen Schadstoffe nicht ausscheiden. Es kommt demnach zu einer Akkumulation und einer Konzentrationssteigerung toxischer Substanzen. Bei der höheren relativen Feuchte im Winter werden die Flechten auf Grund ihrer stärkeren Stoffwechselaktivität am meisten geschädigt, da zu dieser Jahreszeit die Immissionsbelastung besonders hoch ist. Die Regenerationsmöglichkeit nach einer Schädigung ist im allgemeinen – bedingt durch eine geringe Stoffwechselrate – niedrig. Während unter den Bioindikatoren die Phanerogamen auf Grund ihrer Vegetationszeit besser geeignet sind, die Auswirkungen kurzzeitig einwirkender Immissionen anzuzeigen, vermögen die Flechten Auskunft über die Langzeitwirkung von Schadstoffen zu geben. Neben äußerlich sichtbaren Schäden, wie Nekrotisierung von Thallusteilen, kann eine chemische Analyse von Testpflanzen die einzelnen Schadstoffkomponenten und deren Konzentration erbringen.

Lassen sich Pflanzen in dieser Weise als biologische Meßverfahren einsetzen, so muß beachtet werden, daß ihre Reaktion auf Immissionen nicht nach dem Kausalitätsprinzip, gleiche Ursache – gleiche Auswirkung, meßbar ist. Vielmehr reagieren sie mit einer gewissen statistischen Wahrscheinlichkeit gleichartig auf das Vorliegen von bestimmten Ursachen (Schönbeck & Van Haut, 1971). Für ein gesichertes Ergebnis ist es daher nötig, das Immissionsverhalten von möglichst zahlreichen biologischen Objekten zu prüfen.

In der vorliegenden Arbeit sollen die Auswirkungen des hochindustrialisierten Ruhrgebietes auf die Flechtenvegetation des sich im Norden anschließenden Münsterlandes (südliches Münsterland) untersucht werden.

Die Kartierung der Flechten bildet die Basis, um nach dem von De Sloover & Le Blanc (1968) entwickelten Luftreinheitsindex (I.A.P.-Methode) Zonen unterschiedlicher Immissionsbelastung auszuweisen.

Detaillierte und engräumige Kartierungen von epiphytischen Flechten sind für das angegebene Untersuchungsgebiet noch nicht durchgeführt worden. Lediglich Schönbeck (1972) hat in einer sehr weitmaschigen Kartierung einzelne Punkte des Landes NRW als flechtenarm bzw. artenreich ausgewiesen. Für den Kernraum des Ruhrgebietes und den sich südlich anschließenden Bereich zu den Ruhrhöhen ist von Domrös (1966) eine Aufnahme der epiphytischen Flechtenvegetation vorgenommen worden.

Für die Übernahme des Themas als Dissertation an der Universität Giessen sowie für zahlreiche Hinweise und Ratschläge möchte ich an dieser Stelle Frau Prof. Dr. L. Steubing, Botanisches Institut der Justus-Liebig-Universität Giessen meinen herzlichsten Dank aussprechen.

Zu Dank verpflichtet bin ich auch Herrn Dr. U. Kirschbaum, Universität Giessen, für seine stete Bereitschaft zur Diskussion zahlreicher Probleme als auch für seine Mühen beim Bestimmen der Flechten. Ebenso gilt mein Dank Herrn Dr. H. Schönbeck, LIB Essen, der als Kenner des Untersuchungsgebietes mit hilfreichen Informationen und Anregungen den Werdegang der Arbeit unterstützte.

2. LITERATURÜBERSICHT ÜBER DIE REAKTION DER FLECHTEN AUF IMMISSIONEN

2.1. Der Einfluß von Schadgasen auf die Flechtenvegetation

Seit Mrose (1941) auf die Interdependenz von Sulfatgehalt der Niederschlagswässer und der Verbreitung epiphytischer Flechten aufmerksam gemacht hat, sind zahlreiche Untersuchungen über die Relation von SO_2-Konzentration der Luft und Flechtenvorkommen durchgeführt worden: Villwock (1959), Tallis (1964), Fenton (1964), Laundon (1967), Gilbert (1968), Schönbeck (1968), Klee (1970), Hawksworth & Rose (1970), Kirschbaum, Klee & Steubing (1971).

Die Angaben der Autoren über die schädigende Dosis SO_2 für eine bestimmte Flechtenart variieren dabei stark. So liegen zum Beispiel die Toleranzgrenzwerte für Hypogymnia physodes bei Tallis (1964) mit 0,13-0,21 $mgSO_2/m^3$ um etliches höher als die von Fenton (1964) mit 0,026-0,039 $mgSO_2/m^3$. Die Ursachen für diese Unterschiede sind vielschichtig und u.a. in lokalen Gegebenheiten, dem Untergrund sowie der SO_2-Meß- und Bezugsweise zu suchen. So hat Gilbert (1965) beispielsweise inmitten einer Flechtenwüste mit einem SO_2-Gehalt von 0,26-0,39 $mgSO_2/m^3$, stellenweise sogar noch bei Konzentrationen über 1,3 $mgSO_2/m^3$, Flechten auf Sandsteinen und Asbest angetroffen. Ähnliches berichtet Brightman (1959) über das Vorkommen von Flechten auf einem Asbestziegeldach bei gleich hohen SO_2-Konzentrationen. Er führt dies auf einen Neutralisierungseffekt des Substrats gegenüber Luftverunreinigungen zurück.

Über die Beachtung des Untergrundes hinausgehend fordert Hawksworth (1971), daß Toleranzgrenzen, die für ein Gebiet aufgestellt worden sind, nicht ohne Überprüfung auf andere regionale Verhältnisse übertragen werden dürfen, da in unterschiedlichen Gebieten und auf verschiedenartigem Substrat die Arten abweichende Toleranzen besitzen. Schon innerhalb einer Spezies kann die Empfindlichkeit in Abhängigkeit von Herkunft und physiologischem Zustand differieren. Vergleichbare Aussagen sind also nur unter einheitlichen Voraussetzungen möglich. So haben Hawksworth & Rose (1970) unter vergleichbaren Bedingungen folgende SO_2-Toxitoleranzgrenzen für eine Reihe von Flechtenarten erstellt (Tab. 1).

In ähnlicher Weise liefern die Resultate der unter standardisierten Bedingungen durchgeführten Flechtenexpositionsverfahren, wie sie Brodo (1961), Schönbeck (1969), Klee & Warns (1971) angewandt haben, vergleichbare Größenordnungen für die SO_2-Belastbarkeit der Epiphyten.

Wenn auch Mägdefrau (1960) aus dem Vorkommen von Grünalgen in der

Tab. 1. SO_2-Toleranzgrenzen verschiedener Flechtenarten (nach Hawksworth & Rose, 1970)

SO_2-Mittelwerte (mg/m³)	Grenzwert für Vorkommen von
über 0,170	keine Flechten
um 0 150	*Lecanora conizaeoides*, a.d. Basis
um 0,125	*Lecanora* coniz. am Stamm
	Lepraria a.d. Basis
0,070	*Hypogymnia physodes*
	Parmelia *sulcata, Physcia ascendens, Xanthoria parietina*
0,060	*Parmelia saxatilis, Parmelia glabratula, Pertusaria armara, Evernia prunastri*
	Platismatica glauca

flechtenfreien Zone von München auf eine ausschließliche Schädigung des Mycobionten schloß, so ist inzwischen erwiesen, daß durch Luftverunreinigungen vor allem der Phycobiont in seiner Stoffwechselaktivität beeinträchtigt wird. Le Blanc & Rao (1973) konnten einen derartigen Zusammenhang nachweisen (Tab. 2), indem sie die Zahl abgestorbener Algenzellen im Flechtenthallus in Beziehung zur gemessenen SO_2-Konzentration der Luft setzten.

Tab. 2. Schädigung der Algenzellen im Thallus von *Parmelia sulcata* u. *P. millegrana* in Abhängigkeit von der SO_2-Konzentration (n. Le Blanc & Rao, 1973)

SO_2-Konzentration (mg/m³) (Mai-Okt. 1970)	abgestorbene Algenzellen (%)
0,072-0,109	100
0,052-0,072	90-95
0,026-0,052	70-80
0,013-0,026	5-10
unter 0,013	2- 5

Eine anschließend vorgenommene chemische Analyse der geschädigten Algenzellen ergab – analog zu der steigenden SO_2-Belastung – eine Erhöhung des Schwefelgehaltes in den Zellen sowie eine Zunahme des durch Reduktion von Chlorophyll a entstandenen Phaeophytin a. Hale (1967) und Showman (1971) sehen den Einfluß des SO_2 in einer Herabsetzung bzw. Unterbindung der Photosyntheseleistung der Algen, wie dies auch von Schubert & Fritzsche (1965), Arzani (1974), Steubing (1974), Türk, Wirth & Lange (1974) bestätigt werden konnte. Im Gegensatz zu denen von SO_2 sind die toxischen Auswirkungen anderer Immissionskomponenten auf die epiphytischen Flechten weniger bekannt. Lediglich für HF und HCL konnte eine lineare Abhängigkeit zwischen Immissionshöhe und Absterberate nachgewiesen werden.

Neben Schadgasen kann sich aber auch die Staubbelastung auf den Flechtenbewuchs negativ auswirken, wie dies Bortenschlager & Schmidt (1963) für Linz, Ruge & Förster (1970) für Hamburg und Kirschbaum, Klee & Steubing (1971) für Frankfurt nachgewiesen haben.

2.2. Die Auswirkungen von Immissionen und Luftfeuchtigkeit auf die epiphytischen Flechten

Die Masse der Flechten sind ombrophile Organismen, während einige andere den Wasserdampfgehalt der Luft nutzen können. Ihre Hydratur wird demnach bestimmt von den Niederschlägen, der Luftfeuchtigkeit sowie vom Feuchtigkeitsgehalt des Substrats. Über die günstigen Auswirkungen ausreichender Feuchtigkeit auf das Flechtenwachstum haben u.a. Butin (1954), Klement (1955), Steiner & Schultze-Horn (1955) sowie Lange (1970) berichtet.

Inwieweit nun aber Schadgase durch Feuchtigkeit, sei es Regen, Nebel oder erhöhte Luftfeuchtigkeit, in ihrer Wirkweise kompensiert oder verstärkt werden, darüber gehen die Ansichten noch auseinander.

Für den Regen gilt, daß die Konzentration von Schadstoffen in den Tropfen durch die beiden Prozesse des „rain out" (= Anlagerung von Spurenstoffen in die Wolkentröpfchen) und des „wash out" (= Anlagerung von Aerosolen und Gasen beim Fallen des Tropfens durch den wolkenfreien Raum) erheblich zunimmt. Diese Konzentrationsveränderung ist dabei abhängig von der Länge und der Intensität des Niederschlags. In einer Detailanalyse eines Landregens verweist Georgii (1965) auf diese Wechselbeziehung zwischen Intensität des Niederschlages und der Schadstoffkonzentration der Luft am Beispiel des SO_2. Danach nimmt mit Einsetzen des Niederschlags die SO_2-Konzentration kräftig ab. Bei geringer werdendem Niederschlag und regenfreier Periode ist ein Wiederansteigen zu beobachten, das mit erneutem Einsetzen des Regens wieder zurückgeht. Daß sich die Schadstoffe im Niederschlagswasser gelöst haben, wird in Analysen des Wolken- und Regenwassers gezeigt. Auf diesen Effekt der Lösung von Schadstoffen in den Niederschlägen sowie der damit verbundenen Verbreitung von Immissionen über größere Strecken hat ebenfalls Barkman (1970) hingewiesen. Er bemerkte, daß das Regenwasser in der Nähe von Industriestädten mit pH-Werten von 2,4-4,4 eine entschieden höhere Acidität hatte als normales Regenwasser (pH-Wert 5,5).

Von der durch den Regen bedingten Reinigung der Luft profitieren nach Barkman (1970) vor allem jene Flechten, die auf den regenabgewandten Seiten, z.B. an überhängenden Felsen oder schräg stehenden Bäumen sitzen. Flechten auf der Luvseite dagegen erhalten eine zusätzliche Zufuhr von Schadstoffen, der bei kurzen Schauern entschieden höher ist als bei anhaltendem Regen, da dann die Verunreinigungen wieder zu einem Großteil abgespült werden.

Eine Lösung von Schadstoffen ist freilich nicht nur im Regenwasser, sondern ebenso in Tau- und Nebeltröpfchen möglich. Die relative Luftfeuchtigkeit beträgt bei Nebel und Tau 95-100%, was zu erhöhter Stoffwechselaktivität führt (Lange, 1970; Butin, 1954). Ehrendorfer (1971) ist nun der Ansicht, daß die Empfindlichkeit der Flechten bei erhöhter Luftfeuchtigkeit gegenüber Schadstoffen herabgesetzt ist. Im Gegensatz hierzu führt Klee (1970) für Hypogymnia physodes den Nachweis, daß bei einer SO_2-Begasung gerade die Absterberate stark befeuchteter Exemplare erheblich höher ist (desgl. Kunze & Jürging, mdl. Mitt. 1974).

Inwieweit das Toxitoleranzverhalten einer Flechte von der relativen Luftfeuchtigkeit sowie von ihrer Hydratur bestimmt wird, zeigen Ruge & Förster (1970): *Hypogymnia physodes* ist – verglichen mit *Parmelia furfuracea* – SO_2-resistenter, da sie Wasser langsamer aufnimmt und abgibt. Ihr Optimum der apparenten Assimilation liegt erst bei 70-80% relativer Luftfeuchte, während das von *Parmelia furfuracea* schon bei 35% erreicht wird. Da die für das Optimum der apparenten Assimilation nötige niedrigere Luftfeuchtigkeit für *Parmelia furfuracea* häufiger eintritt als für *Hypogymnia physodes*, besitzt erstere – in Übereinstimmung mit Arzani (1974) – eine geringere Toleranz gegenüber Schadstoffen. Dagegen liegt bei *Lecanora varia* die untere Hydraturgrenze so hoch, daß sie selten erreicht wird und die Flechte deshalb eine hohe SO_2-Toleranz und Schadstoffverträglichkeit besitzt.

Berücksichtigt man die verstärkte Assimilationstätigkeit der Flechten im Winter sowie die dann herrschende höhere relative Luftfeuchtigkeit und größere Zahl von Nebeltagen, so ist auf Grund der hohen Immissionskonzentrationen zu dieser Jahreszeit mit erheblichen Schädigungen zu rechnen. Bonitierungen von Flechtenexplantaten über ein volles Jahr unterstreichen diesen jahreszeitlichen Effekt (Klee & Warns, 1971).

Aber nicht nur die Flechtenthalli werden geschädigt, sondern auch die Auskeimung von Diasporen wird beeinträchtigt und somit eine Neubesiedlung von Substraten erschwert bzw. ganz unterbunden.

3. DAS UNTERSUCHUNGSGEBIET

3.1. Geographische Lage und Struktur des Untersuchungsgebietes im Münsterland

Die Lage des untersuchten Gebietes (im folgenden UG abgekürzt) nördlich des Ruhrgebietes wird aus der Karte Nr. 1 ersichtlich. Es handelt sich um einen Teilraum der Westfälischen oder Münsterländischen Tieflandsbucht. Vom Ruhrgebiet reichen ein Teil der Emscherzone bei Recklinghausen sowie die Lippezone vollständig in den Untersuchungsraum hinein. Durch seine Lage erfährt das UG eine kulturlandschaftliche Zweiteilung: der industriell-urban ausgerichtete Südabschnitt und der vorwiegend agrarisch genutzte Raum nördlich davon. Die Grenze bildet im Westen die Lippe, im Osten verläuft sie nördlich des Flusses an der sich dort erhebenden Schichtstufe.

In der Lippezone, die auf Grund der Kohlelagerung die jüngste Ausbaustufe des Ruhrgebietes darstellt, sind zahlreiche Großschachtanlagen entstanden. Die nördlichste davon befindet sich inzwischen bei Wulfen. Dieser Nordverlagerung folgte die Stahl- und Eisenindustrie nur vereinzelt. Das Schwergewicht dieser Betriebe im UG konzentriert sich im Übergangsraum Emscher-Lippe. Hier finden sich eisenverarbeitende Industrien, vor allem aber die Petrochemie sowie Werke der Aluminium- und Zinkgewinnung. Hinzu kommen noch Großkraftwerke.

Hinsichtlich der Industriedichte kann man einen westlichen und einen östlichen Teil ausgliedern. In dem Bereich Recklinghausen, Oer-Erkenschwick, Gladbeck, Polsum, Dorsten, Marl und Hüls zentrieren sich Großanlagen der eisenverarbeitenden Industrie, besonders aber solche der Petrochemie. Das östliche Gebiet um Lünen, Bergkamen und Hamm hat eine niedrigere Konzentration von Betrieben. Neben eisenverarbeitender Industrie befinden sich dort die Großkraftwerke bei Lünen und Bockum-Hövel. Aber auch der mittlere Abschnitt ist nicht industriefrei. Hier sind es besonders die Zink- und Aluminiumhütten, die als Emittenten in Frage kommen.

Entsprechend der weiträumigen Industrieansiedlung handelt es sich bei der Lippezone nicht um einen dem zentralen Ruhrgebiet vergleichbaren Verdichtungsraum. Vielmehr ist für die Lippezone ein allmählicher Übergang in das Münsterland charakteristisch. Eingestreut zwischen die Industriegebiete befinden sich ausgedehnte Grünzüge und intensiv genutzte Ackerfluren. Wie aus Tabelle 3 entnommen werden kann, herrschen dort Städte mit mittlerer Einwohnerzahl vor:

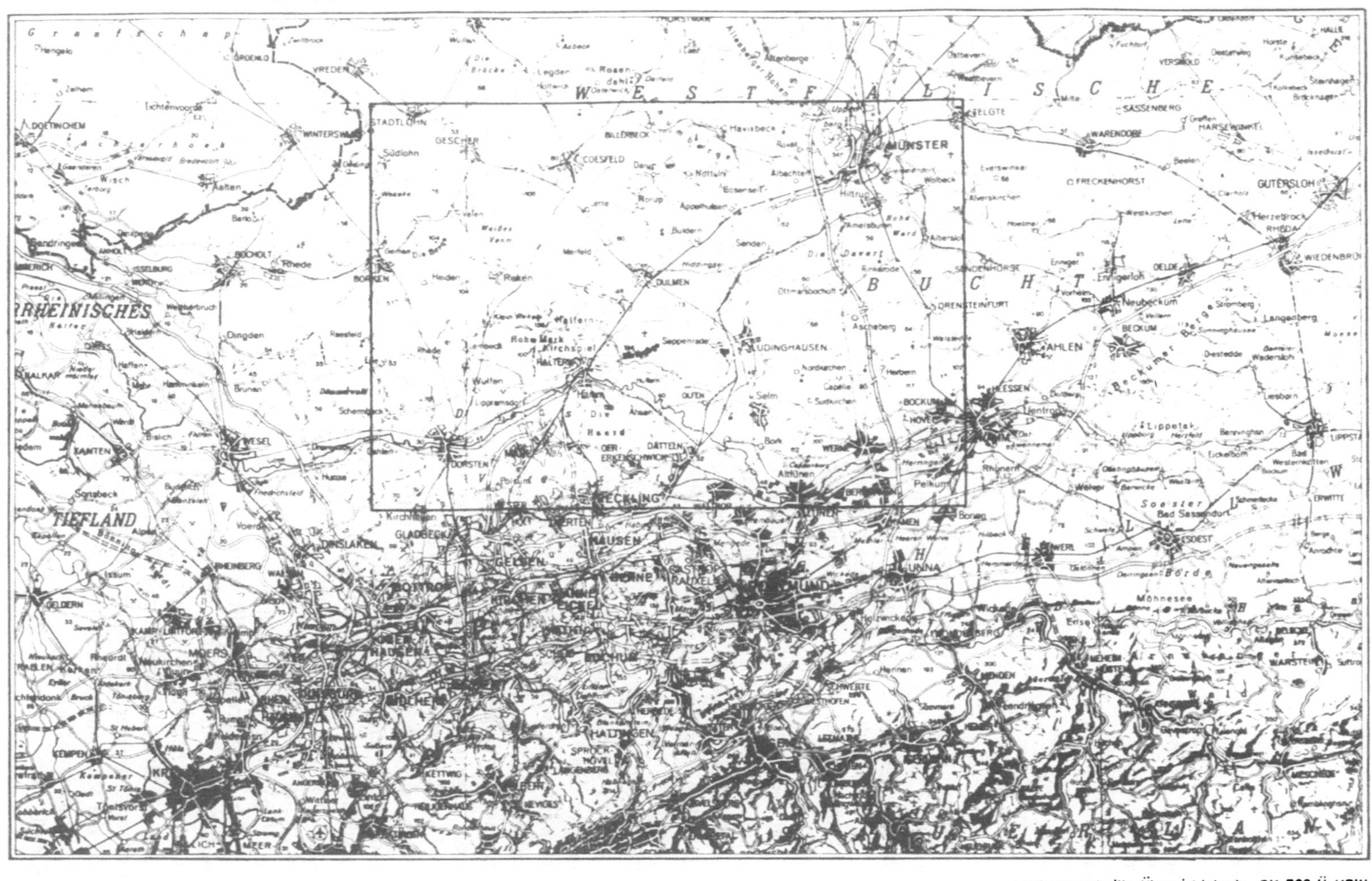

Karte 1. Lage des Untersuchungsgebietes.

Tab. 3. Einwohnerzahlen von Städten aus der Lippezone

	1961	1971
Marl	71 508	77 182
Lünen	73 022	71 658
Datteln	30 151	34 900
Oer-Erkenschwick	23 365	24 102
Waltrop	21 900	25 629
Haltern	14 712	15 165
Wulfen	5 499	6 957

(aus: Statist. Ber. NRW 1973)

Für den Kreis Recklinghausen, der sowohl zum Kernraum des Ruhrgebietes als auch weit in die Lippezone vorstößt, entspricht die Bevölkerungsdichte/km^2 mit 494 derjenigen von NRW mit 497 E/km^2.

Auf Grund des angesprochenen Flächenreservoirs wie auch der günstigen Infrastruktur wird die Lippezone für Neuansiedlungen von Industriebetrieben bevorzugt. In den Landesentwicklungsplänen wird sie als die künftige Wachstumszone des Reviers mit Industrieansiedlungen an neuen Schwerpunkten ausgewiesen. Als ein solches neues industrielles Zentrum ist bereits Marl-Hüls mit den Chemischen Werken Hüls und das im Aufbau begriffene Wulfen zu nennen (Dege, 1972). Diese inzwischen erfolgte und weiterhin zunehmende Industrialisierung der Lippezone hat sich schon in einem Anwachsen der Einwohnerzahlen von 1971 gegenüber 1961 niedergeschlagen (s. Tab. 3).

Neben dieser unmittelbar in das UG hineinreichenden Region des Ruhrgebietes muß für die Flechtenbewertung auch das entferntere Ruhrgebiet mitberücksichtigt werden, dessen Emittenten sich auch auf größere Entfernung hin noch bemerkbar machen. Insbesondere seien die Industriezentren um Oberhausen und Duisburg hervorgehoben. Für den hohen Grad der Industrialisierung des Ruhrgebietes mögen stellvertretend folgende Angaben stehen: auf einer Fläche von 4.593 km^2 leben 5,6 Mill. Einwohner. Das ergibt eine Einwohnerdichte von 1225 E/km^2, stellenweise im Kernraum sogar 2.744 E/km^2 (BRD 247 E/km^2). Die Stadt Wanne-Eickel hat mit 4.653 E/km^2 eindeutig die höchsten Werte. Elf der 18 Städte haben mehr als 100.000 Einwohner (Stand: 30.6.71, Dege, 1972). Demgegenüber stellt sich das Münsterland völlig anders strukturiert dar. Mit der Bezeichnung „Münsterland – der agrare Ergänzungsraum des Ruhrgebietes“ wird es in Gefüge und Funktion treffend charakterisiert.

Die Andersartigkeit fällt schon bei der Betrachtung der Siedlungen auf. Dem verstädterten Ruhrgebiet stehen im Münsterland vorwiegend Einzelhöfe, Drubbel und Dörfer gegenüber. Es handelt sich hierbei weitgehend um Streusiedlungen. Lediglich Münster erreicht mit 200.000 Einwohnern wieder Großstadtmaße mit Ballungscharakter. Die Zahl von Kleinstädten wie Dülmen, Lüdinghausen, Gescher und die Mittelstadt Coesfeld ist gering. Die Einwohnerzahlen spiegeln die geringe Siedlungsdichte wider:

Kreis Borken 151 E/km^2

Kreis Coesfeld	157 E/km^2
Kreis Lüdinghausen	206 E/km^2
Kreis Münster	155 E/km^2

Noch niedrigere Zahlen von 50-100 E/km^2 erhält man für den ländlichen Raum ohne Kreisstädte.

Typisch für die Landschaft sind die blockförmigen Ackerkämpe. Als Besitzgrenze wie auch als Windschutzmaßnahmen trennen Wallhecken, Baumreihen oder kleine Wäldchen die einzelnen Fluren voneinander. Diese starke Kammerung verleiht dem Münsterland den Charakter einer Parklandschaft.

An größeren Industriebetrieben sind lediglich die chemischen Werke BASF-Glasurit in Hiltrup zu nennen. Daneben existieren eine Anzahl kleinerer Betriebe.

3.2. Morphologische Gliederung des UG (Abb. 1)

Drei morphologische Formen bestimmen die Oberflächenstruktur des Untersuchungsgebietes: Höhenzüge, Niederungen, Flachland. Im Süden ragt der W-O verlaufende Vestische oder Recklinghäuser Höhenrücken mit Höhen um 80-100 m in das UG hinein. Nördlich der Lippe um Haltern finden sich die dicht beieinander liegenden Kuppen der Hohen Mark, der Haard und der Borkenberge mit Höhen um 140 m. Im südöstlichen Bereich des UG bei Lünen wird der Schichtstufencharakter des Münsterlandes deutlich an dem scharf herauspräparierten Trauf des Anstieges von Lünen nach Cappenberg. Die Stufenoberfläche senkt sich danach flachwellig, oftmals von Bachläufen unterbrochen, zum Inneren der Westfälischen Bucht ab (Dege, 1969).

Auf einer Breite von ca. 25 km schließen die Baumberge im Norden mit Höhen um 130-150 m, maximal 165 m, das UG ab. Dazwischen eingelagert sind Niederungen. Sie folgen hauptsächlich den Flüssen, so der Lippe und der Stever.

Im westlichen Bereich des UG zieht eine ausgedehnte vernäßte Zone westlich der Borkenberge durch die Merfelder Niederung nach NW. In ihr befinden sich die ehemaligen Moore Weißes und Schwarzes Venn. Ihren nördlichen Endpunkt hat die moorige Niederung in dem inzwischen kultivierten Hochmoor.

Wie aus dem Profilverlauf (Abb. 1) zu ersehen ist, bieten sich die Oberflächenformen im mittleren Bereich des UG entschieden unruhiger dar als im westlichen und östlichen Teil. So ist das Flachland am einheitlichsten in dem nordwestlichen und südöstlichen Bereich des UG ausgeprägt.

3.3. Physisch-geographische Gegebenheiten

Untergrund-Böden-Vegetation

Wenn auch das Münsterland auf kleinmaßstäbigen Karten einen gleichförmigen Eindruck macht, so ergeben sich doch aus den örtlichen Ausbildungen des Untergrundes beträchtliche Abweichungen (Schneider, 1969). So sind für die östliche Hälfte des UG, das zum Kernmünsterland zählt, lehmige Verwitterungsböden ty-

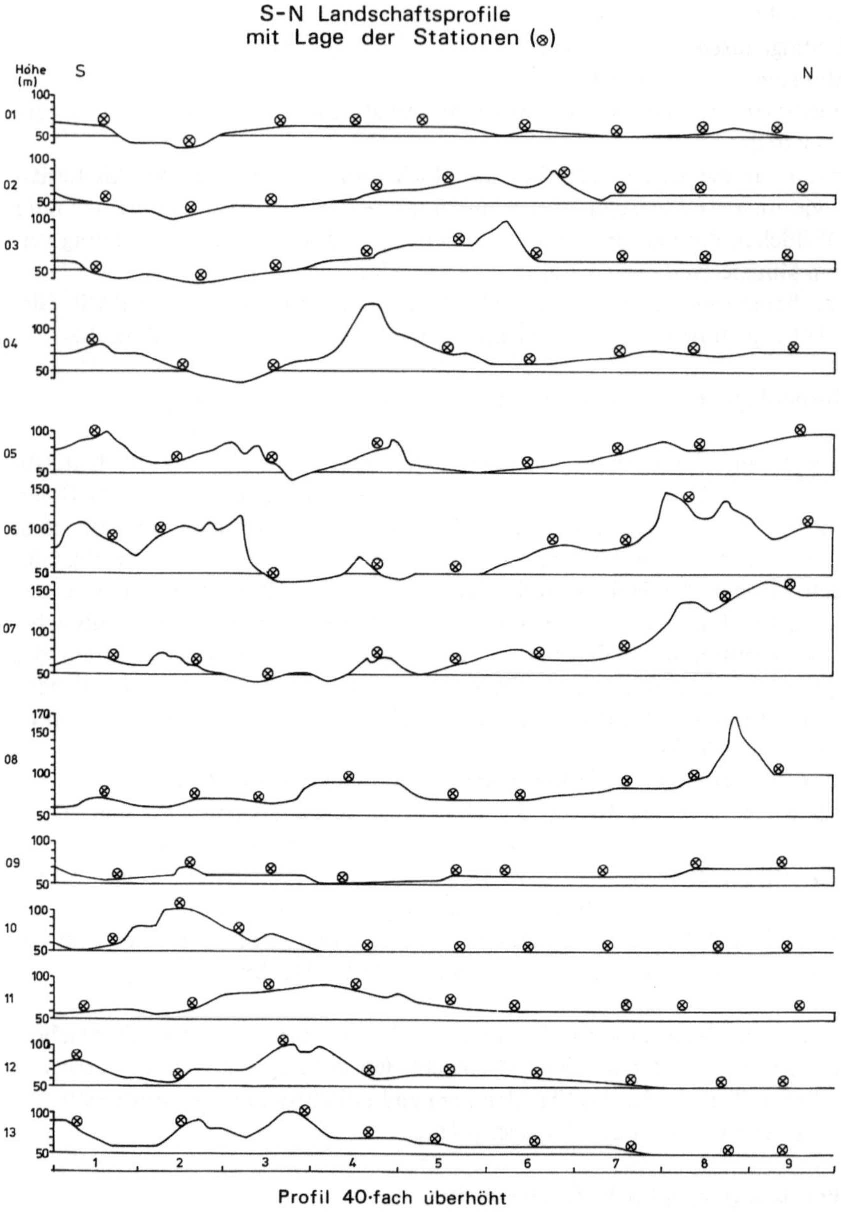

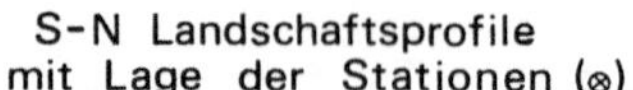

Abb. 1. Süd-Nord Landschaftsprofile mit Lage der Stationen.

pisch. Sie erklären sich aus der lehmig ausgebildeten Grundmoräne sowie aus den sie unterlagernden mergelig-kalkigen oder mergelig-tonigen Kreideschichten. Dieser auf Grund des hohen Tongehaltes undurchlässige „Kleiboden" neigt leicht zu Staunässe. Daneben gewährleistet aber die mittlere bis hohe Basensättigung Bodenwertzahlen von 45-60. Die Verbreitung des Kleibodens liegt östlich der Linie Baumberge (Billerbeck)-Dülmen-Lippe (bei Lünen). Auf Grund der hervorstechenden Rolle des Kleibodens in diesem Raum wird synonym für Kernmünsterland auch der Begriff Kleimünsterland verwendet (Büschenfeld, 1969).

Westlich des Kernmünsterlandes erstreckt sich das West- oder Sandmünsterland. Die hier vorherrschenden Sande sind kreidezeitlicher bzw. diluvialer Herkunft, letztere nach Müller-Wille (1966) saale- oder weichseleiszeitlich einzuordnen. Diese Diluvialsande überwiegen im NW-Teil und bilden die einförmigen und flachen Sandlandschaften. Nach Süden, der Lippe zu, treten große Geschiebelehmdecken auf, die aber von Flugsand überweht sind. Nur in wenigen Erhebungen ragen sie freipräpariert heraus. Die gesamten Niederungen im SW-Teil, mit Ausnahme der Moorgebiete, und die Lippetalung sind mit diluvialen Sanden gefüllt. Aus den trockenen Sandschichten des Senon bauen sich die Höhen des Lippeufers sowie die Hohe Mark, die Haard und die Borkenberge auf.

Die starke Sandkomponente des Untergrundes äußert sich in der relativen Trockenheit des Bodens. Der Norden des westlichen Münsterlandes ist dabei wegen des höheren Lehmgehaltes des Bodens feuchter als der aus reinem Sand bestehende südliche Teil. Im allgemeinen handelt es sich um Podsole unterschiedlich starker Ausprägung mit Ortsteinbildung im Untergrund. Die Hochmoore, die früher neben Sand und Klei den Boden bestimmten, sind inzwischen kultiviert. Lediglich als Naturschutzgebiet blieben noch einige Reste erhalten.

Im Kernmünsterland begegnet man Talsanden in den Flachmulden des Davert (südl. Münsters), um Lüdinghausen und im Mittellauf der Stever (Müller-Wille, 1966).

Die Abhängigkeit der Vegetation von den Nährstoff- und Wasserverhältnissen sowie der physikalischen Struktur des Bodens zeigt sich in den unterschiedlichen Pflanzengesellschaften des UG. Im Kleimünsterland hat sich ein Eichen-Hainbuchenwald entwickeln können. Die Grenze in der Landschaft zum trockenen Sandmünsterland geht mit einem Wechsel zur Nadelholzbestockung parallel. Lediglich in hofnahen Beständen bzw. an feuchteren Stellen herrschen auch Eichen vor.

Die im Kleimünsterland eingestreuten Sandflächen werden mittlerweile aus forstlichen Gründen mit Nadelwald genutzt. Als Tages- und Wochenenderholungsgebiete dienen inzwischen alle größeren zusammenhängenden Waldgebiete, so die Hohe Mark, die Haard, die Borkenberge in der Nähe des Ruhrgebietes sowie die Davert nahe Münster (s. Karte 1).

3.4. Die klimatischen Verhältnisse des Untersuchungsgebietes

Das Klima des Münsterlandes wird bestimmt durch den ungehinderten Zustrom atlantischer Luftmassen. So sind die Niederschläge im allgemeinen recht hoch. Die mittleren Jahressummen des Niederschlags der für das Untersuchungsgebiet zuständigen vier Klimastationen Bocholt im Westen (liegt aber schon außerhalb des UG), Recklinghausen im Süden, Lüdinghausen im mittleren Bereich und Münster im NE differieren jedoch. Die Ursache hierfür liegt in der Orographie des UG begründet. Obgleich zwar die Reliefenergie des Münsterlandes gering ist, wirken sich auf Grund des Flachlandcharakters selbst kleine Höhenunterschiede sowie Luv- und Leelage auf die Niederschlagshäufigkeit und -verteilung aus. So befindet sich Recklinghausen, auf dem Vestischen Höhenrücken gelegen, mit 843 mm/ Jahresniederschlag ungefähr 100 mm über den anderen drei Stationen.

Es lassen sich wegen der unterschiedlichen Niederschlagsintensität zwei Regionen ausgliedern:

1. Westlich und nördlich der Linie Lünen-Haltern-Lette-Senden-Münster werden Niederschläge von 750 mm und darüber gemessen. Hierbei handelt es sich vor allem um Gebiete, die im Luv der Erhebungen Haard, Hohe Mark, Baumberge oder auf dem Vestischen Höhenrücken liegen.
2. Für die östlich und südlich der angegebenen Linie befindlichen Räume sinken die Niederschläge auf 700 mm ab. Münster mit 750 mm erreicht einen mittleren Wert.

In der jahreszeitlichen Verteilung des Niederschlags liegt die Zeit zwischen Mai und Oktober deutlich über der von November-April. Das Maximum des Niederschlags wird im Juli, das Minimum im März erreicht.

Der von Westen nach Osten abnehmende atlantische Einfluß drückt sich auch in den Jahresmittelwerten der Lufttemperatur aus. Bocholt führt mit 9,7°C vor Lüdinghausen mit 9,5°C, Recklinghausen mit 9,4°C und Münster mit 9,3°C Jahresmitteltemperatur. In gleicher Richtung nehmen auch die Monatsmittel ab. Es erscheint dem Verfasser aber sehr fraglich, ob sich diese Temperaturdifferenzen von maximal 4/10°C gravierend auf die Stoffwechselaktivität der Flechten auswirken. Auf Grund der weiten Temperaturamplitude, die die Mehrzahl der Flechten besitzen (Lange, 1953), dürfte der Temperaturverlauf für das UG als etwa gleichartig zu betrachten sein.

Der für die Stoffwechselaktivität besonders wichtige Wasserdampfgehalt der Luft erreicht mit einem Jahresdurchschnitt von 80% relative Feuchtigkeit einen hohen Wert. Für die Monate Oktober bis Februar streut die relative Feuchte zwischen 80 bis 89% mit einer mittleren Häufigkeit bei 85%. Mai und Juni weisen die geringsten Werte auf. Die Ursache der hohen Luftfeuchtigkeit ist einerseits in den atlantischen Luftmassen andererseits in der hohen Bodenfeuchtigkeit infolge von Staunässe zu suchen.

Die Zahl der Nebeltage im UG ist nach Tab. 4 beträchtlich. Besonders wirkt sich dies in den Niederungen der Flüsse, den Moorgebieten und der Zonen entlang des Kanals aus (Dortmund-Ems Kanal). In den Monaten Oktober, November und Dezember tritt naturgemäß eine Häufung mit durchschnittlich 8 Nebeltagen ein. Eine regelrechte Nebelzone stellt das Gebiet Dülmen-Buldern-Seppenrade-Olfen dar, wo die Zahl der Nebeltage über dem Durchschnitt liegt und sich der Nebel außerdem zögernder auflöst als in den benachbarten Gebieten.

Tab. 4. Klimadaten für das Untersuchungsgebiet

Zahl der Nebeltage

Station	J	F	M	A	M	J	J	A	S	O	N	D	Jahr
Bocholt	7 8	6,5	4,6	4,2	2,0	2,1	2,2	4,2	5,2	8,1	8,2	9,7	64,8
Recklinghausen	7,8	5,1	6,3	3,3	1,7	1,2	0,9	3,0	5,1	7,2	8,1	8,5	58,2
Lüdinghausen	6,1	5,0	4,3	2,2	1,2	0,9	1,1	3,2	5,8	8,3	8,2	7,4	53,7
Münster	7.3	6,0	5,9	2,8	2,6	2,5	2,8	4,6	6,1	8,5	7,9	8,4	65,4

Relative Feuchtigkeit (%)

Station	J	F	M	A	M	J	J	A	S	O	N	D	Jahr
Bocholt	86	84	78	75	71	72	76	77	81	84	87	88	80
Recklinghausen	88	85	81	78	77	76	79	80	83	86	87	89	82
Lüdingshausen	81	80	78	73	73	73	77	79	81	84	86	88	80
Münster	85	83	77	74	71	72	76	77	77	83	86	87	79

Mittlere Häufigkeit der Windrichtungen und Windstärken in 0/00 für SW, S, SE Winde
Station: Recklinghausen

	Beaufort									
W.-Richtung	0	1	2	3	4	5	6	7	8	Summe
Frühjahr (März-Mai)										
W.-Stille	31	–	–	–	–	–	–	–	–	31
SE	–	39	9	6	0					54
S	–	49	21	11	1	0				82
SW	–	87	58	41	7	7	3			203
Sommer (Juni-Aug.)										
W.-Stille	63	–	–	–	–	–	–	–	–	63
SE	–	29	6	2	1	0				38
S	–	42	21	11	3	1	0			78
SW	–	115	90	61	7	6	2	0		281
Herbst (Sept.-Nov.)										
W.-Stille	67	–	–	–	–	–	–	–	–	67
SE	–	60	21	4	0					86
S	–	68	31	16	2	1	1	0		119
SW	–	112	88	60	13	9	6	1	1	290
Winter (Dez.-Febr.)										
W.-Stille	45	–	–	–	–	–	–	–	–	45
SE	–	41	12	12	3	2	0			70
S	–	53	40	23	6	3	3	1	0	129
SW	–	89	70	65	21	16	14	6	1	282
Jahr										
W.-Stille	52	–	–	–	–	–	–	–	–	52
SE	–	42	12	6	1	1	0			62
S	–	53	28	15	4	1	1	0		102
SW	–	101	77	57	12	9	6	2		264

Neben der Luftfeuchtigkeit spielt der Wind als lufthygienischer Parameter eine wichtige Rolle. Zu untersuchen sind hierbei Richtung, Häufigkeit und Stärke. Vorherrschende Windrichtung für das gesamte UG ist SW. Die mittlere Häufigkeit/Jahr liegt bei 22%. Werden die Süd- und Südostwinde, die ebenfalls aus dem Ruhrgebiet in das UG hineinwehen, miteinbezogen, so machen sie zusammen 44% der mittleren Windrichtungen/Jahr aus (Abb. 2).

Wichtig für die Immissionsbelastung des UG ist die jahreszeitliche Verteilung dieser Windrichtungen. Wie die Kurven der Abb. 3 zeigen, sind Maximalwerte aller 3 Richtungen für den Winter zu verzeichnen. Besonders gilt dies für die S-Winde mit diesem einzigen jahreszeitlichen Maximum; für die SW-Winde dagegen kommt ein weiteres im August und für die SE-Winde eines im März hinzu.

Neben der Windrichtung muß für die Beurteilung der Immissionsausbreitung auch die Windstärke beachtet werden. Aus Abb. 4 und Tab. 4 ist zu entnehmen, daß sich die SW-Winde mit deutlich höheren Geschwindigkeiten von den S- und SE-Winden abheben. Bei allen Richtungen aber nimmt die Geschwindigkeit der Luftströmungen von mittleren Werten in den Sommermonaten zu Maximalwerten während der Wintermonate zu.

Der Anteil der übrigen Windrichtungen für den Bereich von Bocholt, Recklinghausen und Münster ist den angeführten Windrosen zu entnehmen.

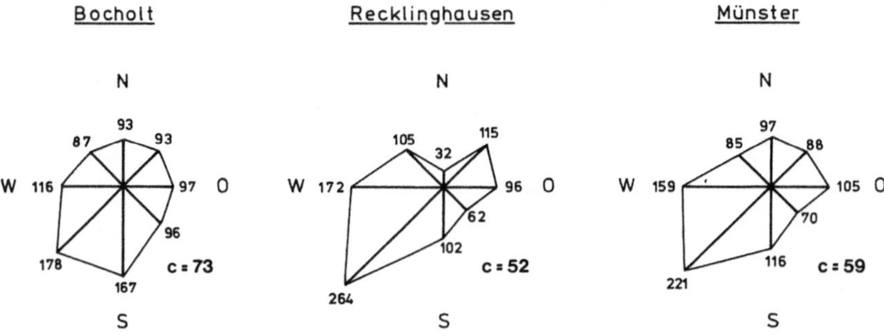

Abb. 2. Häufigkeit der Windrichtungen. ($^0/_{00}$) c = Windstille

Als ein weiterer klimatologischer Parameter zur Beurteilung von Immissionsverhältnissen sind die Inversionswetterlagen nach Häufigkeit und jahreszeitlicher Verteilung zu untersuchen. Wenn zwar auch für die Gesamtheit des UG derartige Erhebungen fehlen, so lassen sie sich doch zumindest für den südlichen Teil des UG auf Grund der vorliegenden Daten des Ruhrgebietes (Tab. 5) entsprechende Aussagen treffen. Wie der Tabelle zu entnehmen ist, schwankt die Anzahl der Inversionstage erheblich – im Extrem um über 100% – ohne an dieser Stelle den Gründen hierfür nachgehen zu können. Beschränkt man sich im folgenden, auch wegen der Vergleichbarkeit mit dem SO_2-Erhebungszeitraum, auf die Meßjahre 1969/70 und 1970/71 so sind an 44 bzw. 48 Tagen ganztägige Inversionen mit einer Sperrschicht von bis zu 500 m über NN registriert worden. Nur jeweils 4 Tage davon entfallen auf die Sommermonate (April-September), während sich der Rest auf die Wintermonate verteilt mit einer deutlichen Konzentration auf Dezember, Januar und Februar. Demnach herrschten in den beiden Beobachtungsjahren an 40-44 von 182 Tagen (Okt.-März) = 24% austauscharme Wetterlagen vor.

Tab. 5. Anzahl der Inversionstage im Ruhrgebiet

Meßjahr	Inversionstage
1963/64	41
1964/65	22
1965/66	27
1966/67	23
1967/68	32
1968/69	49
1969/70	44
1970/71	48
1971/72	47

(Quelle: Schrft. LIB, 1973, H. 28, S. 42, Essen 1973)

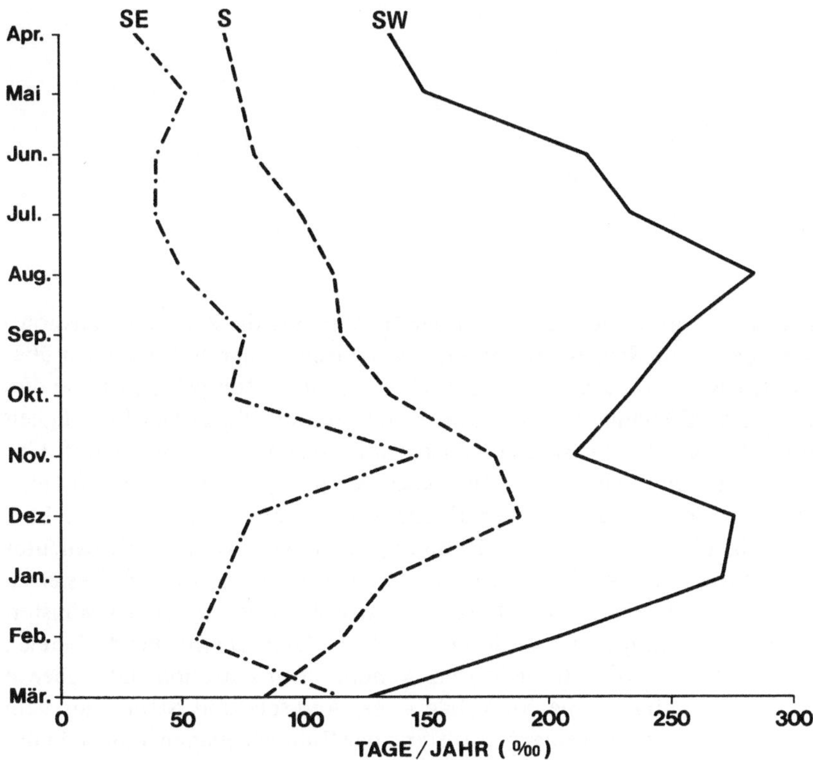

Abb. 3. Mittlere Häufigkeit der Windrichtungen/Jahr.

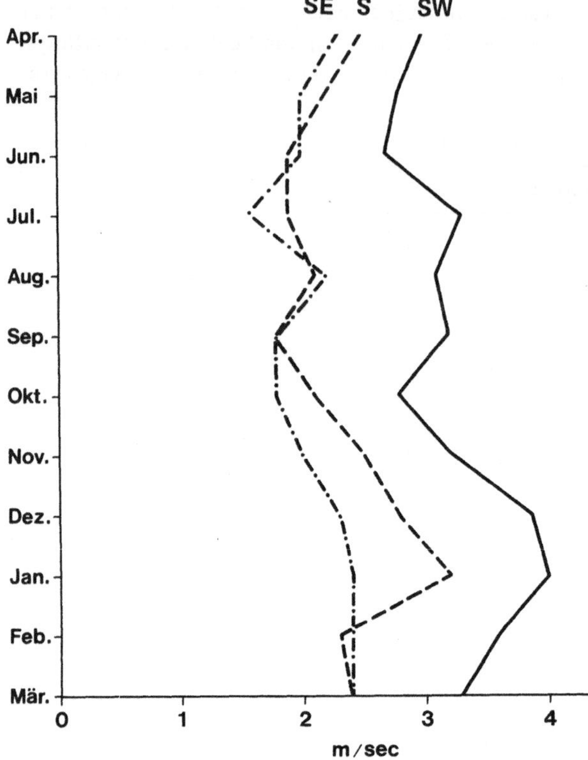

Abb. 4. Mittlere Windgeschwindigkeiten.

In dieser Zeit nun, in der auf Grund der Heizperiode die Zahl der Emissionsquellen und damit die Schadstoffkonzentration zugenommen hat, kommen über 40% der Luftmassen, die das UG überstreichen, aus dem Ruhrgebiet. Es sind dies zum Teil S- und SE-Winde, die zudem noch mit relativ geringer Geschwindigkeit wehen. Nach Manier (1971) ergaben Konzentrationsmessungen von Schadstoffen in Gebieten mit vielen Emittenten (wie dies für das Ruhrgebiet zutrifft) eine umgekehrte Proportionalität zwischen Konzentration von Schadstoffen der Luft und der Windgeschwindigkeit. Für die Immissionsverhältnisse des UG bedeutet dies: die mit Emissionen stark angereicherten Luftmassen des Ruhrgebietes erreichen bei S- und SE-Winden noch mit hoher Schadstoffkonzentration das Münsterland. Besonders die Lippezone sowie der nördlich daran anschließende Bereich kommen in diesen „Genuß". In nicht ganz so hoher Konzentration, dafür aber in weitere Entfernung, tragen die SW-Winde Gase, Aerosole und Stäube aus dem Ruhrgebiet. Erste Anzeichen einer Verdriftung der Ruhrgebietsimmissionen in das nördliche Münsterland, wie Ottar (1972) dies für Skandinavien nachwies, sind mittlerweile auch für den Nordrand des UG aufgezeigt worden. (s. S. 24)

4. DIE BELASTUNG DES UNTERSUCHUNGSGEBIETES MIT IMMISSIONEN

4.1. Die SO_2-Immissionsbelastung des UG

Regelmäßige Messungen des SO_2-Gehaltes der Luft werden innerhalb des südlichen Teiles des UG bereits seit 1964 von der Landesanstalt für Immissions- und Bodennutzungsschutz (LIB) Essen durchgeführt. Erst von 1969 an ist ein ca. 6 km breiter Kontrollstreifen in der Höhe von Münster mit hinzugenommen worden.

Die Immissionswerte sind in den zwei Kenngrößen I_1 = Jahresmittelwert und I_2 = Maximalwert angegeben. Sofern nicht anders betont, beziehen sich im folgenden sämtliche Angaben über eine SO_2-Belastung auf den I_1-Wert (Jahresmittelwert).

Da die Flechten Langzeitindikatoren für Luftverunreinigung sind, erschien es dem Verfasser vertretbar, der in den Jahren 1971/72/73 durchgeführten epiphytischen Flechtenkartierung die SO_2-Werte der Meßjahre 1969/70 und 1970/71 als quantitative Bezugsgrößen zugrunde zulegen.

Der in den SO_2-Belastungskarten der LIB für die niedrigste Stufe des I_1-Wertes verwandte Konzentrationsbereich $< 0{,}20$ mg SO_2/m^3 ist, gemessen an der Sensibilität der Flechten gegenüber SO_2, zu weit gefaßt. Die meisten Flechten reagieren bereits bei SO_2-Konzentrationen unter 0,100 mgSO_2/m^3 mit deutlichen Schadsymptomen (Gilbert, 1965; Kirschbaum, 1974; et al.) sodaß, will man differenzierte Aussagen über die Beziehung zwischen SO_2-Gehalt der Luft und Flechtenschädigung herstellen, den I_1-Bereich feiner unterteilen muß. Dies geschah mittels der in Tab. 6 angeführten 5-stufigen Skala. Dementsprechend ist für jede Einheitsfläche der Wert der Immissionsbelastung dem jeweiligen Stufenbereich zugeordnet und in den Karten 2 und 3 dargestellt worden.

Tab. 6. Abstufung der SO_2-Werte (mg/m^3)

Stufe 1	$\leqq$ 0,06
Stufe 2	0,07-0,09
Stufe 3	0,10-0,15
Stufe 4	0,16-0,20
Stufe 5	>0,20

Der südliche Abschnitt der Karte 3 fällt durch die starke Immissionsbelastung auf, die vornehmlich durch den Konzentrationsbereich der Stufe 4 (0,16-0,20 mg SO_2/m^3) gegeben ist. Die Belästigungszonen weisen im allgemeinen einen sehr unruhigen Verlauf auf, wobei es aber zu auffälligen Ausbuchtungen in NE-Rich-

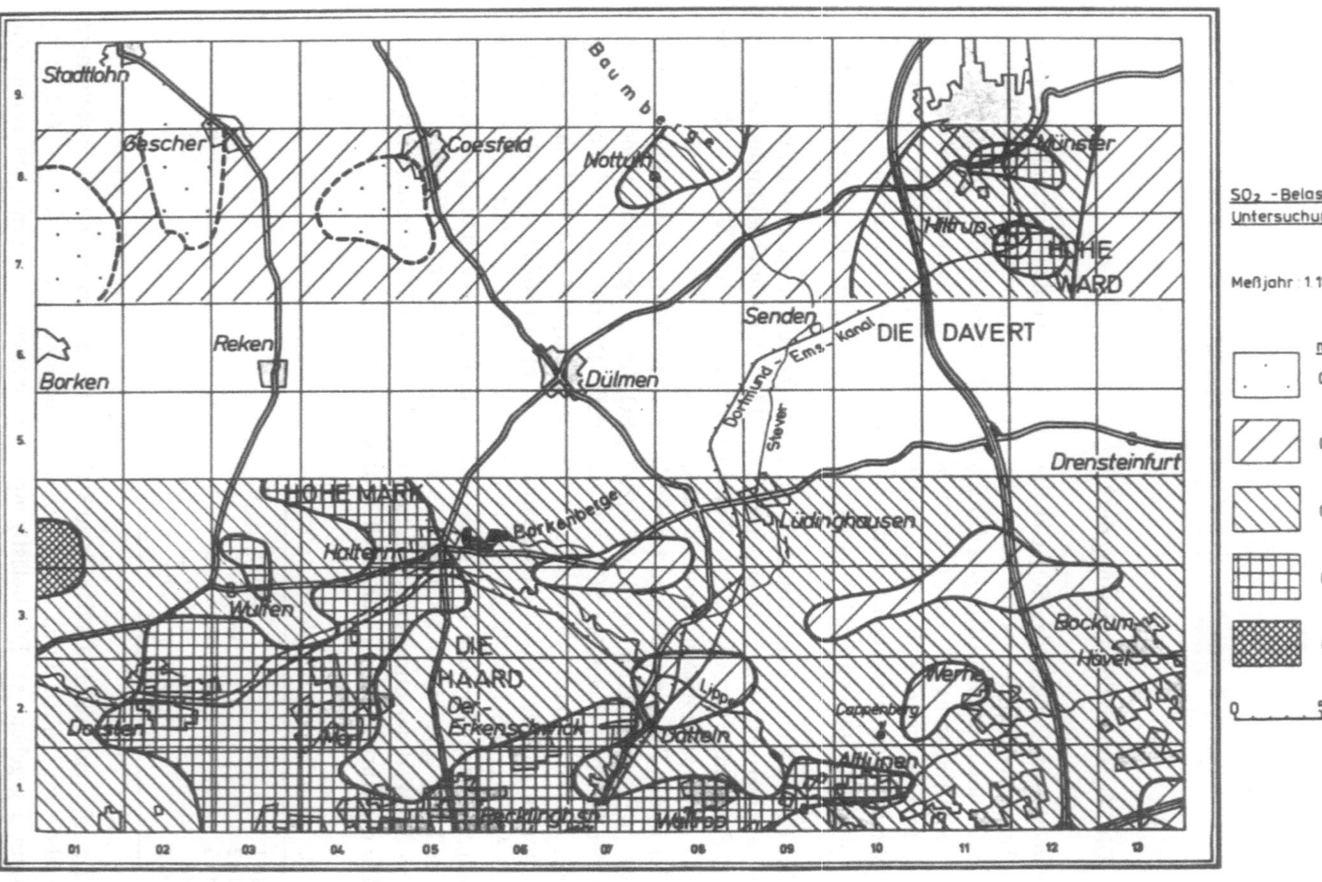

Karte 2. SO_2-Belastung des Untersuchungsgebietes; Meßjahr 1969/70.

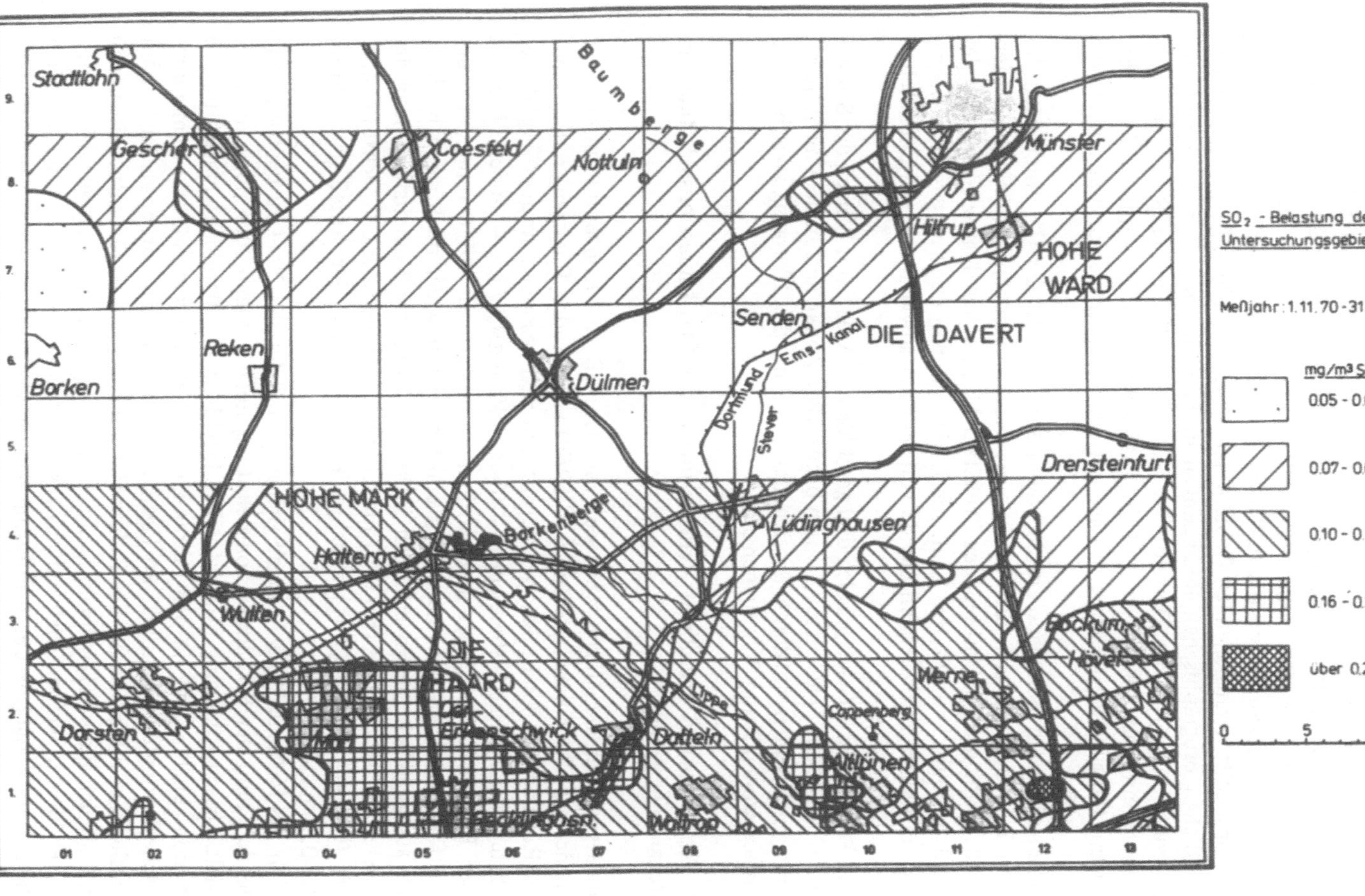

Karte 3. SO_2-Belastung des Untersuchungsgebietes; Meßjahr 1970/71.

tung kommt. Diese Erscheinung muß mit einem Verdriften der Schadstoffe nach NE auf Grund der vorherrschenden SW-Winde erklärt werden. Der im SW des UG auftretende Bereich der Stufe 5 ($>$0,20 mg SO_2/m^3) ist auf lokale starke Emittenten zurückzuführen. Als Erklärung für die im mittleren und südöstlichen Kartenabschnitt herausragenden Gebiete der Stufe 2 (0,07-0,09 mgSO_2/m^3) sind die örtlichen orographischen Bedingungen in Betracht zu ziehen. So könnte für den Raum 2.08 (NE von Datteln) die große Wasserfläche der Rieselfelder von Dortmund und für die Areale 2.11 (Werne) sowie 3.10, 3.11 und 3.12 (der Bereich um Capelle) die Geschützte Lage auf der Schichtstufe von Cappenberg die Ursache sein.

Vom südlichen Bereich setzt sich der nördliche Teil des UG mit Werten der Stufen 1+2 ab, worin sich die Verdünnung der Immissionen nach Norden widerspiegelt. Lediglich im Umkreis der Großstadt Münster tauchen wieder Werte der Stufe 3 (0,10-0,15 mgSO_2/m^3) auf. Inselartig kommen noch höhere Immissionswerte am Bahnhof- und Hafengelände von Münster sowie im Lee der Chemischen Industrie in Hiltrup vor.

Im Westen des UG weisen sich drei geschlossene Areale mit Werten der Stufe 1 ($\leq$0,06 mgSO_2/m^3) als lufthygienisch begünstigte Zonen aus. In dem nicht durch Messungen belegten mittleren Bereich des UG wird der Übergang zwischen den Belastungszonen 2 und 3 zu suchen sein.

4.2. Zeitliche und räumliche Veränderungen der SO_2-Immissionsbelastung im Untersuchungsgebiet

Seit Beginn der Messungen weist der von der LIB in 4 Konzentrationsbereiche gegliederte I_1-Wert einen steten bis 1969/70 anhaltenden Rückgang auf, der auf einer Reduzierung der Emissionen beruht und sich besonders in dem Wegfall des höchsten Konzentrationsbereiches – über 0,30 mgSO_2/m^3 – äußert. Die mit dieser Konzentrationsabnahme eigentlich zu erwartende Minderung auch des nächstfolgenden Bereiches zugunsten einer Ausweitung der niedrigeren blieb jedoch aus. Vielmehr verringerte sich sogar der Anteil der Einheitsflächen in der untersten Belastungsstufe (bis 0,10 mgSO_2/m^3), während der der nächst höheren Stufe (0,11-0,20 mgSO_2/m^3) zunahm. Konstant blieb der Anteil der 3. Stufe (0,21-0,30 mgSO_2/m^3).

Für das Meßjahr 1970/71 ergab sich nun, daß der seit 1964 zu beobachtende fallende Trend der SO_2-Immissionsbelastung noch – wenn auch nur schwach – anhielt. Diesen Rückgang führen Buck & Ixfeld (1972) allerdings weniger auf eine Emissionsabnahme, wie in den Jahren zuvor, als vielmehr auf günstigere meteorologische Bedingungen zurück. So lagen vor allem mit den stärker als im Vorjahr herrschenden S-Winden für das Ruhrgebiet günstigere Durchlüftungsbedingungen vor. Daß sich diese SO_2-Abnahme aber keineswegs, wie zunächst aus den Karten 2+3 geschlossen werden darf, auf das gesamte UG bezieht, konnte an Hand eines detaillierten Vergleichs der Immissions-Kenngrößen jeder Einheitsfläche nachgewiesen werden (Quelle: Meßprotokolle der LIB Essen, 1969/70; 1970/71).

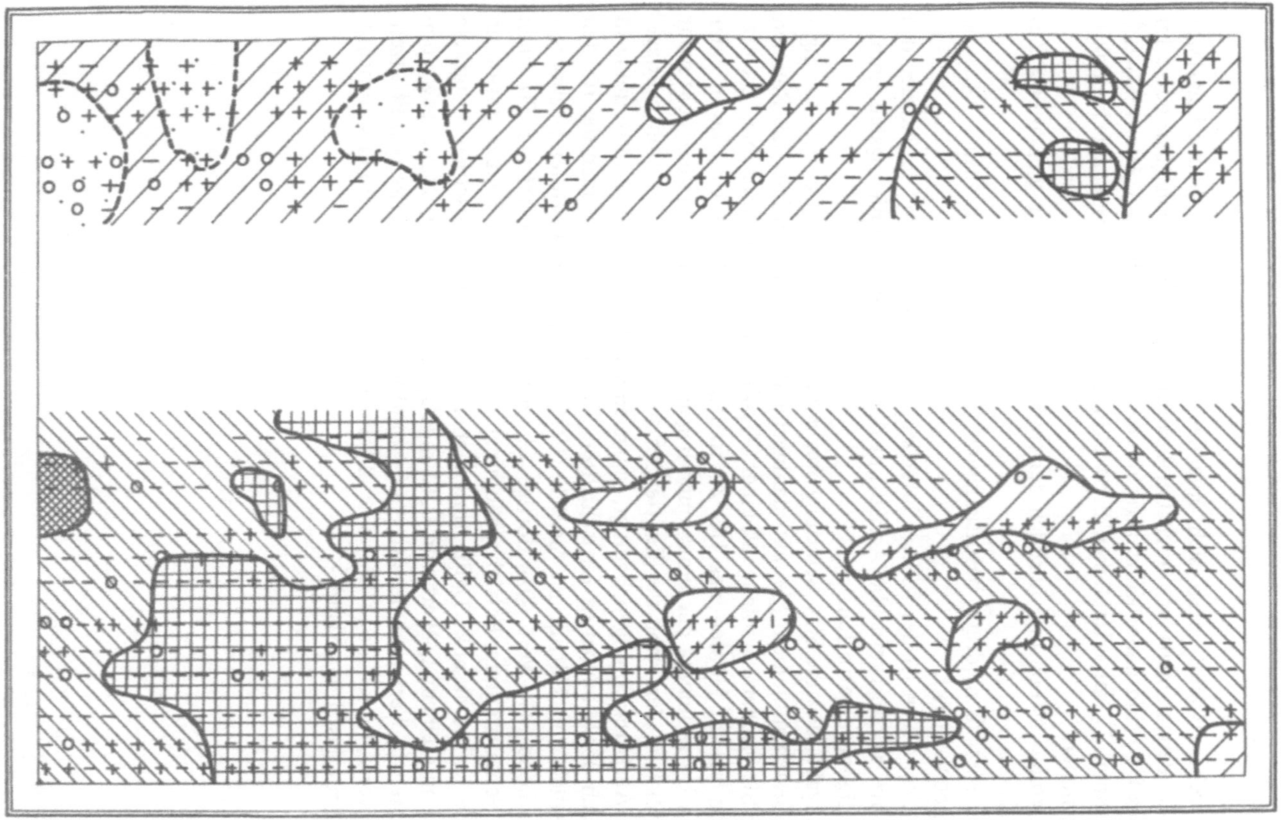

Karte 4. Änderung der SO_2-Belastung, Meßjahr 70/71 gegenüber 69/70.

Auf der Grundlage der SO_2-Belastungskarte von 1969/70 sind die Abweichungen der Immissionswerte des Meßjahres 1970/71 durch folgende Symbole in Karte 4 dargestellt worden:

+ = Zunahme
0 = Stagnation
– = Abnahme

Wie bereits erwähnt, zeigt sich eine deutliche Reduzierung stark belasteter Gebiete. In den ehemals am höchsten beaufschlagten Regionen (besonders im Westen des UG) sind dabei Konzentrationsabnahmen von bis zu 0,10 mgSO_2/m^3 zu verzeichnen. Dieser erfreulichen Entwicklung steht jedoch eine neue bedenklichere gegenüber:

1. Die Gebiete östlich und nördlich der stark belasteten Zonen weisen eine Zunahme auf.
2. In den ehemals niedriger beaufschlagten Räumen haben sich ausnahmslos die Immissionen verstärkt.
3. Besonders davon ist der frühere luftklimatische „Gunstraum" im Norden des UG und hier vorzugsweise die Areale mit den noch 1969/70 niedrigsten Immissionsbelästigungen betroffen.

Die Angabe, daß die SO_2-Belastung abgenommen hat, kann also nicht uneingeschränkt bestehen bleiben. Sie muß dahingehend korrigiert werden, daß Räumen mit einer SO_2-Abnahme solche mit einer SO_2-Zunahme gegenüberstehen. Da letztere besonders im Norden des UG zu finden sind, muß die Ursache in einer regionalen Umverteilung der Emissionen liegen. Die Schadstoffe fallen nicht mehr ausschließlich in der Nähe der Emittenten an, sondern, durch die Höhenverlagerung der Austrittsöffnungen bedingt, gelangen sie erst in weiterer Entfernung in den Bereich der bodennahen Luftschichten. Daraus erklärt sich auch der für den Raum östlich von Hiltrup im Meßjahr 1970/71 erstmalig auftretende außergewöhnlich hohe SO_2-Wert. Das dortige Chemie-Unternehmen hatte 1970 einen höheren Schornstein in Betrieb genommen, worauf die SO_2-Konzentration in Werksnähe sofort absank. Dafür traten aber im Lee eine entschieden stärkere Belastung mit einem I_2-Wert von 0,40 mgSO_2/m^3 auf. Aufmerksam geworden durch diesen I_2-Wert und bestätigt auf Grund weiterer Ergebnisse von Pflanzenanalysen vermutet Knabe (1972) eine allgemeine Zunahme der Immissionsbeaufschlagung für das Münsterland.

5. DIE KARTIERUNG DER EPIPHYTISCHEN FLECHTENVEGETATION

5.1. Untersuchungsmethode

Eine ausführliche Übersicht über die Methoden der Flechtenkartierungen finden sich bei Le Blanc (1971), Kirschbaum (1973) und Steubing (1974), sodaß zur vergleichenden Einbindung der im folgenden benutzten Methode lediglich die wichtigsten der übrigen Verfahren kurz vorgestellt werden sollen.

Beim einfachsten Verfahren wird die Flechtenbedeckung nach einer bestimmten Skala in einer konstanten Arealgröße abgeschätzt (Jones, 1952; Domrös, 1966). Genauere Ergebnisse liefert die Kartierung der Gesamtartenzahl und der Verbreitung der phytosoziologischen Assoziationen (Barkman, 1963; Skye, 1968). Kunze (1972) wiederum bestimmt die Frequenz aller häufigen Flechtenarten an jedem Baumstamm. Eine weitere Methode der Flechtenkartierung basiert auf dem von De Sloover & Le Blanc (1968) entwickelten „Index of Atmospheric Purity" (I.A.P.). Da hierbei mehrere Kriterien des Flechtenvorkommens in den Index mit eingehen, erscheint dieses Verfahren besonders geeignet, die Langzeitwirkung von Luftverunreinigungen auf die epiphytische Flechtenvegetation nachzuweisen. Aus diesem Grund basiert auch die vorliegende Untersuchung auf dieser Methode. Nach den Ausführungen der Autoren sind für die Anwendung dieses Verfahrens folgende Gesichtspunkte zu beachten:

Das Gebiet, in dem kartiert wird, sollte möglichst homogen sein, d.h. große landschaftliche Unterschiede (z.Bsp. Tiefland-Mittelgebirge) dürfen nicht bestehen.

Durch ein Planquadratraster wird das UG in gleich große Bewertungsfelder eingeteilt, die weitgehend übereinstimmende ökologische Bedingungen haben sollen.

In jedem dieser Felder sind an einer möglichst in der Mitte gelegenen Meßstation mindestens 10 Bäume einer Baumart auf ihren epiphytischen Flechtenbewuchs hin zu untersuchen.

Diese Prämissen intendieren, daß zum einen die für eine begründete Aussage notwendige Anzahl von Porophyten bewertet wird, zum anderen, daß man durch Standardisierung einer bestimmten Baumart und Normierung der Gebietseinteilung einen guten Überblick gewinnt über wesentliche Faktoren, die Vorkommen und Vitalität der Flechten beeinflussen. Nur unter Beachtung dieser Faktoren ist es möglich, Aussagen über den Einfluß von Immissionen auf die Verbreitung und Schädigung der epiphytischen Flechten des UG zu machen.

Für die Berechnung des Luftreinheitsindex (I.A.P.) sind folgende Arbeitsschritte nötig (Le Blanc & De Sloover, 1968, 1970): alle epiphytischen Flechten, die an den ausgesuchten Bäumen einer Meßstation vorkommen, werden notiert und ihre

Deckung und Frequenz bestimmt. Aus dem Vergleich der Gesamtartenzahl aller Stationen läßt sich für jede vorkommende Flechtenart ihr Q-Wert berechnen. Auf Grund dieser Daten kann der „Index of Atmospheric Purity“ (Luftreinheitsindex) nach folgender Formel gewonnen werden:

$$\text{I.A.P. für eine Station} = \sum_{n}^{1} (Q \times f) / 10$$

Dabei bedeuten:
n = Anzahl der Flechtenarten pro Station
f = Frequenz-Deckungsart jeder Art in der Station
Q = Toxitoleranzfaktor der Art gegenüber Schadstoffen

Der Verkleinerungsfaktor wurde mit eingebracht, um handlichere Werte zu erhalten. Die I.A.P.-Werte sind dann in eine Karte einzutragen. Stationen mit ähnlichen IAP-Werten lassen sich darauf zu Zonen gleicher Immissionsbelastung zusammenfassen.

In der vorliegenden Untersuchung konnte wegen der geringen Artenzahl im UG auf den Verkleinerungsfaktor 1/10 verzichtet werden. Außerdem ist neben Frequenz und Deckungsart jeder Flechte noch zusätzlich ihre Vitalität berücksichtigt worden und in den Berechnungsfaktor mit eingeflossen. Weiterhin sind die Exponenten des Summenzeichens nach der in der Mathematik heute üblichen Schreibweise geändert worden. Damit entspricht die Formel nach wie vor dem Anliegen von Le Blanc & De Sloover (1970).

Die für die Berechnung benutzte Formel lautet demnach:

$$\text{I.A.P. für eine Station} = \sum_{n}^{i=1} Q_i \times f_i$$

i = Flechtenart
n = Anzahl der Flechtenarten/Station
f = Frequenz-Deckungsart-Vitalität jeder Flechtenart in der Station
Q = Toxitoleranzfaktor der Art gegenüber Schadstoffen

5.2. Auswahl und Beschaffenheit des Substrats

Unter den ökologischen Faktoren hat das Substrat einen großen Einfluß auf Zusammensetzung und Entfaltung von epiphytischen Flechtengesellschaften. Obwohl seit Sernander (1912) und Nienburg (1919) diese Abhängigkeit bekannt ist, sind bei Flechtenkartierungen bisweilen wahllos die verschiedensten Porophyten zugleich verwendet worden. Physikalische Beschaffenheit und Chemismus der Rinde stellen wichtige Wuchsbedingungen der Flechten dar. Obgleich sich viele Arten der epiphytischen Flechten als acido- bzw. neutrophytisch erweisen, sind die meisten im Gegensatz zu den epipetrischen euryion. Über eine Besiedlung des Substrats mit Flechten entscheidet der pH-Wert der oberen Schicht der Unterlage. So kann durch Anwehung von Bodenstaub die Möglichkeit für eine Ansiedlung bestimmter Arten (z.B. Kalkstaub-neutrophytische Arten) geschaffen werden, wie dies Klement (1955) für Assoziationen in Nordwestdeutschland nachwies. Hinsichtlich der Härte und Rissigkeit der Baumborke stellen die einzelnen Assoziationen unterschiedliche Anforderungen. So bevorzugt z.Bsp. das *Graphidion scriptae* nach Klement (1955) harte und glatte Rinde, das *Physcietum ascendentis* eher weiche und wenig rauhe Borke. Um die Zahl der Variablen, die die Ausbreitung einer Flechtenart bedingen, möglichst gering zu halten und damit auch den Forderungen von De Sloover & Le Blanc (1970) für die Errechnung des Luftreinheitswertes zu entsprechen, mußte als Porophyt eine einzige Baumart gefunden werden, die im UG gleichmäßig vorkommt.

Da die Flechten nur an frei stehenden Bäumen den Schadgasen voll ausgesetzt sind, schieden die in Beständen vorkommenden Baumarten, wie Eiche, Buche und Koniferen aus. Für die Eiche finden sich zwar im Kleimünsterland genügend Exemplare, im Sandmünsterland dagegen ist sie nur spärlich vertreten. Bei Voruntersuchungen konnte außerdem eine sehr schwache bis fast flechtenfreie Besiedlung festgestellt werden, was wohl auf eine weitere Erniedrigung des ohnehin schon tiefen pH-Wertes durch saure Immissionen zurückzuführen ist. Zu einer entsprechenden Feststellung kam Jones (1952) in einem Vergleich der Eiche mit Esche und Ulme. Ebenso führt Barkman (1970) den niedrigen pH-Wert von 4-2,9 an Quercus robur auf die zusätzliche Einwirkungen von SO_2 zurück. Kiefer und Fichte kommen zwar häufig im westlichen Sandmünsterland vor, fehlen aber im östlichen Kleimünsterland oder stocken dort nur vereinzelt auf trockeneren Böden. Ungleichmäßig verteilt im UG sind ebenfalls Pappeln und Weiden; sie schieden auch wegen lokalklimatischer Gründen aus, da sie vornehmlich in feuchten Senken oder an Wasserläufen gedeihen.

So blieben nur Obstbäume übrig. Die Wahl fiel auf den Apfelbaum (*Malus domestica*) als den am häufigsten vorkommenden. Hinsichtlich seiner Verbreitungsdichte gilt eine ähnliche Einschränkung wie für Eichen und Koniferen. Im Kleimünsterland findet er auf Grund edaphischer Faktoren bessere Wuchsbedingungen und ist daher dort häufiger als im sandigeren Westmünsterland. Für die Untersuchung förderlich war aber, daß in dem zuletzt genannten Gebiet noch zahlreiche Obstgärten mit bis zu 80 Bäumen existierten. Die Bäume, die sich zu

einer Kartierung eigneten, mußten folgenden Anforderungen genügen:
1. Sie sollten in etwa gleiches Alter haben. Die physikalische Beschaffenheit der Borke sowie ihr Chemismus sind dadurch vergleichbar. Ebenso wird damit der Einwand, als Folge des Abblätterns der Rinde seien keine älteren und langsamer wachsenden Flechten an den Bäumen zu finden, relativiert.
2. Nur gerade gewachsenen Bäume mit etwa gleicher Kronenausbildung galten als geeignet. Damit sind die Bedingungen am Stamm, wie Lichtgenuß, Luftfeuchtigkeit, Regenablauf sowie Staubanflug weitestgehend standardisiert.
3. Die zu kartierenden Bäume durften weder mechanisch noch chemisch behandelt sein. Ob ein Baum gekalkt oder abgekratzt worden war, ließ sich leicht an fehlenden älteren Rindenstücken, Kratzspuren sowie weißen Flecken nachweisen. Schwieriger verhielt es sich mit dem Spritzen. Hier erbrachten jedoch in den meisten Fällen Befragungen der Besitzer oder Nachbarn, daß wegen der Unrentabilität des Obstbaus eine Behandlung der Kulturen während der letzten 10 Jahre nicht mehr erfolgt war.
4. Exemplare mit beschädigter Rinde infolge von Blitzschlag, Schädlingsbefall oder Aufplatzen wurden nicht berücksichtigt. Häufig siedelt dort eine in Artenzusammensetzung und Vitalität veränderte Flechtenvegetation.
5. Die zu bewertenden Bäume durften nicht in Viehweiden stehen, da der für die Untersuchung wichtige Stammabschnitt von den Tieren blank gescheuert wird. Außerdem erfolgt durch das Bespritzen mit Fäkalien eine Düngung der Stämme, wodurch sich das Substrat verändert.
6. Die Porophyten mußten frei stehen. Geschützte Lagen, wie Einschnitte oder Senken, wurden gemieden. Ein weites, freies Umland ist aber durch die starke Kammerung des UG nicht gegeben. Ein Kartieren in wechselnder Entfernung von Windschutzanpflanzungen oder kleinen Wäldchen war deshalb nicht zu vermeiden. Eine dadurch auf Grund mikroklimatischer Unterschiede bedingter signifikanten Änderung der Artenvarianz konnte jedoch nicht beobachtet werden.

5.3. Auswahl und Verteilung der Stationen im Untersuchungsgebiet

Mittels eines Gitternetzes, dessen einzelne Quadrate eine Seitenlänge von 5 km hatten, wurde das ca. 3000 km^2 große UG in 117 Areale eingeteilt. Damit erreichte man eine gleichmäßige Verteilung der Stationen über das UG. Für das Berechnungsverfahren des IAP-Wertes war es nun erforderlich, von mindestens 10 Bäumen einer in der Mitte jedes Areals gelegenen Station die epiphytischen Flechten zu kartieren. Dies ließ sich allerdings nicht immer realisieren. An zwei Stellen (Wald bzw. Moorgebiet) mußte sogar ein Kartieren wegen fehlender Porophyten unterbleiben.

Bei der Feldarbeit sind zunächst die in der Mitte einer Station oder in deren Nähe befindlichen Apfelbäume kartiert worden. An diese Kartierung schloß sich ein stichpunktartiges Aufsuchen weiterer Apfelbäume als auch anderer Baumarten in dem betreffenden Areal an. Ergab sich bei ihnen hinsichtlich der Flechtenassoziation eine merkliche Abweichung, wurde eine weitere Aufnahme gemacht. Stellenweise erfolgten so bis zu drei Kartierungen in einem Areal (s. Karte 5; Stationen 7.10, 7.11, 7.13). Im Durchschnitt sind in einem Areal etwa 40 Bäume (Apfelbäume und andere Baumarten) auf ihren epiphytischen Flechtenbewuchs hin untersucht worden. Diese zusätzlichen Proben erwiesen sich später als wertvolle Hilfspunkte für die Zuordnung der Stationen zu Flechtenzonen bzw. für die Feststellung der räumlichen Verteilung und Entwicklungstendenzen von Flechtenassoziationen.

5.4. Das Flechtenaufnahmeverfahren

Die Kartierung richtete sich nach dem Verfahren von Kirschbaum (1973). Der Aufnahme- und Bewertungsrahmen für die Flechten bestand aus fünf Plastikvorhangschienen à 1 m Länge. Elf Gummibänder verbanden sie untereinander im Abstand von jeweils 10 cm. Diese Bänder waren für einen Bereich von 70-120 cm dehnbar, d.h. für ca. 50-70 Jahre alte Bäume geeignet. Jedem der Testbäume einer Station wurde dieses „Korsett" für den Stammabschnitt 0,30-1,30 m umgelegt, wobei die beiden Außenstangen im N ineinandergehakt wurden. Die restlichen Stangen markierten die West-, Süd- und Ostrichtung. Damit waren die von den Flechten bevorzugten NW- und SW-Seiten der Bäume deutlich eingerahmt (Steiner & Schulze-Horn, 1955; Domrös, 1966). Der 1 m hohe Stammabschnitt gliederte sich somit in vier vertikale Streifen, NW, SW, SE, NE und in insgesamt 40 Bewertungsfelder.

Da im allgemeinen die Stammbasis mikroklimatisch von dem übrigen Stammbereich abweicht (= höhere Luftfeuchtigkeit), wurde der Ansatz des „Korsetts" in 30 cm Höhe gewählt. Nur in sehr wenigen Fällen zeigten sich in dieser Basisregion Flechtenarten, die nicht auch in den untersten Feldern des Rahmens vorkamen.

Jedes der vierzig Bewertungsfelder wurde auf seinen Flechtenbestand hin untersucht. Die Bestimmung kleinerer Flechten erfolgte mit einer 10-fach Lupe. Von den an Ort und Stelle nicht bestimmbaren Arten wurden Exemplare mit nach Hause genommen. Auf das Anlegen eines Herbars verzichtete der Verfasser auf Grund der wenigen Exemplare der Flechtenarten.

Für jede Spezies ist Deckungsgrad und Vitalität pro Feld ermittelt worden. Der Deckungsgrad wurde in 10 Stufen unterteilt, da sich bei früheren Untersuchungen eine nur 3 stufige Skala als zu grob erwiesen hatte. Die hier benutzte zeitlich aufwendigere Einteilung läßt differenziertere Angaben zu (Tab. 7).

Ein Problem bot die Einstufung des Deckungsgrades für Flechten, die nur in

Tab. 7. Skala für den Deckungsgrad

Deckungsgrad	1 = 1-10% des Bewertungsfeldes deckend
Deckungsgrad	2 = 11-20% des Bewertungsfeldes deckend
Deckungsgrad	3 = 21-30% des Bewertungsfeldes deckend
	.
	.
Deckungsgrad	10 = 91-100% des Bewertungsfeldes deckend

einem oder wenigen kleinen Exemplaren vorkamen. Handelte es sich dabei um Blattflechten, war Stufe 1 vertretbar. Punktflechten, wie z.B. *Buellia punctata*, erreichten, selbst wenn sie in einigen Exemplaren vorkamen, noch nicht einmal 1% Deckung, mußten demnach als „in Spuren vorkommend" klassifiziert werden. Wenn aber der Deckungsgrad Einfluß auf die Höhe des IAP-Wertes hat, würde man – gleiche Anzahl von Flechtenindividuen vorausgesetzt – bei einem Überwiegen von Punktflechten gegenüber Blattflechten einen kleineren Luftreinheitswert erhalten. Damit ginge allein die Dimension des Thallus als Bewertungsgröße mit ein und nicht die Sensibilität gegenüber Luftverunreinigungen. Gerade aber in den sogenannten Kampfzonen gibt die Anzahl der Flechtenarten und -individuen Auskunft über die derzeitige lufthygienische Situation. Um dies zu berücksichtigen, wurde selbst bei geringem Vorkommen der Punktflechten eine geringere Zuweisung als zu Stufe 1 nicht gewählt.

Die Vitalität der Flechten ist nach einer dreistufigen Skala ermittelt worden. Dabei bedeutet:

Stufe 1: kümmerliche Entwicklung; fehlende Fruchtkörperbildung, abnormale Loben- bzw. Thallusformen, Ablösung der Lager vom Untergrund, sorediöse Auflösungserscheinungen.

Stufe 2: normal entwickelte Flechten.

Stufe 3: reiche Ausbildung von Früchten, hohe Konkurrenzkraft, üppige Entwicklung, Mastformen.

Hier ergaben sich für die Einteilung der Krustenflechten Schwierigkeiten; sie sind daher einheitlich Stufe 2 zugewiesen worden.

Einige Arten, deren Unterscheidungsmerkmale gering waren oder deren Bestimmung ohne aufwendige Hilfsmittel auf große Schwierigkeiten stieß, wurden, wie dies im folgenden ausgeführt wird, zu einer Spezies zusammengefaßt:

1) Es ist anzunehmen, daß auch in dem UG unter dem Einfluß von SO_2 *Lecanora varia* in ihrer ökologischen Modifikation Lecanora conizaeoides vorliegt (n. Pisut, zitiert bei Schönbeck, 1972). Es erfolgte keine Trennung, stets ist *Lecanora varia* angegeben.

2) Die sichere Bestimmung von *Physcia ascendens* bereitete oft große Schwierigkeiten. Waren die ihr eigentümlichen Helmsoralen durch Schneckenfraß, Schadgaseinfluß oder sonstige Schäden nicht typisch ausgebildet, so unterschied sie sich kaum von *Physcia tenella*. Da beide stets zusammen vorkamen, sind sie unter der klarer erkennbaren *Physcia tenella* zusammengefaßt worden.

3) Ebenso wurde mit den gefundenen Cladonien verfahren. Sie sind, soweit identifizierbar, dem Formenkreis von *Cladonia chlorophaea* zuzuordnen; meist lag nur der *Thallus primiarius* vor. Die gefundenen Cladonien sind daher in der Gruppe *Cladonia* spec. subsumiert.

4) Bei *Lepraria* wurde wegen mangelnder Merkmalausbildung auf eine Differenzierung verzichtet. Teilweise war es sehr schwer, sie bei starkem Algenbesatz oder bei lepröser Auflösung anderer Flechten zu erkennen. Die Art ist zwar, soweit dies möglich war, mitkartiert worden, wegen der großen Unsicherheit in der Bestimmung aber nicht in die Berechnung miteingegangen.

5.5. Auswertung der gewonnenen Daten

Die Errechnung der Luftreinheitswerte an Hand der kartierten Befunde erfolgte mittels einer EDV-Anlage. Das Rechenprogramm zur Ermittlung des f-Wertes (aus Frequenz-Deckungsgrad, Vitalität) wurde in Anlehnung an Kirschbaum (1973) erstellt. Die so erhaltenen, sehr stark streuenden f-Werte sind dann in einer 5 stufigen Skala nach Le Blanc & De Sloover (1970) zusammengefaßt und interpretiert worden (Tab. 8). Der IAP-Wert einer Station errechnet sich dann, indem zunächst das Produkt aus f-Wert und Q-Wert einer jeden Flechtenart der Station und danach die Summe dieser Produkte gebildet wird.

In dieses Auswertungsverfahren sind alle Flechtenarten bis auf *Lecanora varia* mit einbezogen worden. Diese Flechte zeigt über weite Bereiche des UG kaum Unterschiede ihres f-Wertes, sodaß sie nivellierend auf die IAP-Werte gewirkt hätte.

Tab. 8. Abstufung der f-Werte

f-Wert	Formulierung bei Le Blanc & De Sloover (1970)
f = 5 ab 0,132	= Art sehr häufig und sehr hoher Deckungsgrad an den meisten Bäumen
f = 4 ab 0,071	= Art sehr häufig oder sehr hoher Deckungsgrad an einigen Bäumen
f = 3, ab 0,035	= Art nicht häufig oder mittlerer Deckungsgrad an einigen Bäumen
f = 2, ab 0,019	= Art selten oder geringer Deckungsgrad
f = 1, bis 0,018	= Art selten und sehr geringer Deckungsgrad

5.6. Berechnung des Q-Wertes (Toxitoleranzfaktor)

Der Berücksichtigung des Toxitoleranzfaktors einer bestimmten Flechtenart liegt die Beobachtung zugrunde, daß sich die gegenüber Immissionen sensible Flechtenart erst dann ansiedelt, wenn dort schon andere, weniger empfindliche Species existieren. Die Gesamtartenzahl der Flechten an einem derartigen Standort ist somit ein Maß ihrer Empfindlichkeit. Wenn die Testflechte nun an mehreren Stationen auftaucht, gemeinsam mit einer unterschiedlichen Anzahl anderer Arten, ergibt sich der Toxitoleranzfaktor als ein Mittelwert. Vor seiner Bestimmung muß dementsprechend die Kartierung im UG vollständig abgeschlossen sein.

Für jede Station, in der die gesuchte Flechtenart vorkommt, wird zunächst die Zahl der Flechtenarten bestimmt. Der Toxitoleranzfaktor der Flechte ergibt sich dann aus dem Mittel der Anzahl aller Flechtenarten der Stationen, an denen diese Flechte vertreten ist.

Beispiel: *Buellia punctata*
Anzahl der Stationen, an denen die Flechte vorkommt: 58
Summe der Artenzahlen über diese 58 Stationen: 332
Q = 332 : 58 = 5,62
Q = 6

Für die Interpretation des Q-Wertes gilt: je höher er ist, desto empfindlicher reagiert die Flechte auf Einflüsse von Immissionen. Je niedriger er ist, desto toxitoleranter ist die Flechte.

5.7. Darstellung der Bewertungsergebnisse

Für die kartographische Darstellung wurden die errechneten IAP-Werte nach ihrer Häufigkeitsverteilung in 5 Klassen eingeteilt. Daraufhin sind solche Räume zu Immissionszonen zusammengefaßt und in Karte 5 dargestellt worden, die klassengleiche Indizes aufwiesen.

Tab. 9. Abstufung und Benennung der Flechtenzonen

IAP-Werte	Flechtenzone	
0- 6	1	flechtenarme Zone, Lecanora varia tritt auf.
7- 37	2	
38- 94	3	Übergangszonen
95-130	4	Optimalzone, bezogen auf das UG
131 und darüber	5	Optimalzone, bezogen auf das UG

Der Begriff „flechtenarm" impliziert, daß neben *Lecanora varia* sporadisch auch Exemplare anderer Flechtenarten auftreten können. Die Grenzlinien der Zonen wurden unter Berücksichtigung der lokalen Gegebenheiten sowie der Höhe des Wertgefälles zu den benachbarten Stationen gezogen. Die Grenzen sind dabei nicht als statische, linienhafte Gebilde, sondern als dynamische Grenzsäume aufzufassen. In diesem Sinne müssen auch die harten Übergänge zweier nicht direkt benachbarter Zonen interpretiert werden. Auf Grund des relativ groben Rasters fehlen hier die Übergangswerte, deren Existenz jedoch an einigen Sonderkartierungen (z.Bsp. 7.11; 7.10) deutlich wird. Schwierig gestaltete sich die Zonenziehung besonders dann, wenn innerhalb eines zusammenhängenden Zonenbandes Stationen mit anderen Zonenwerten lagen. Da sich für sie nur in seltenen Fällen eine befriedigende Erklärung finden ließ, wurden sie als Singularitäten betrachtet und in der Zonenziehung nicht berücksichtigt.

Wie Karte 5 zu entnehmen ist, erhielt Zone 1 noch eine zusätzliche Unterteilung. Infolge des auffallend kümmerlichen Habitus von Lecanora varia im südlichsten Bereich des UG, der sich auch in niedrigen Q x f Werten niederschlug, wurde Zone 1 in eine Region 1 = stark belastet und eine Region 2 = weniger stark belastet gegliedert (Tab. 10).

Tab. 10. Aufteilung der Zone 1 nach Q × f-Werten für *Lecanora varia*

	Q × f-Werte	Charakterisierung
Region 1	4-16	stark belastet
Region 2	20	weniger stark belastet

Um ein schnelles und genaues Auffinden der Stationen zu gewährleisten, erhielt jedes Bewertungsfeld eine dreistellige Koordinatenangabe, die sich aus den Angaben auf den randlichen Zahlenleisten ergeben. Die erste Ziffer zeigt dabei den Hochwert, die beiden anderen den Rechtswert an. Der mit 5 multiplizierte Hochwert ergibt den S-N Abstand vom Ruhrgebiet in km, der Rechtswert, ebenfalls mit 5 multipliziert, die Entfernung in km von der westlichen Begrenzungslinie des UG. Die waagrecht verlaufenden Stationsreihen (1-9) wurden als *Zeilen*, die senkrecht verlaufenden Stationsreihen (01-13) als *Spalten* bezeichnet.

6. ERGEBNISSE DER FLECHTENKARTIERUNG

6.1. Die Flechtenarten des Untersuchungsgebietes und ihre pflanzensoziologische Einordnung

Die Kartierung der epiphytischen Flechten des Münsterlandes ergab, daß an den 6000 untersuchten Bäumen nur noch 16 Arten vorkommen. Auch andere Baumarten, wie Weide, Pappel, Esche, Eiche oder Kiefer wiesen keine neuen Spezies auf. Vergleicht man diese Bestandsaufnahme mit der von Lahm aus dem Jahre 1885, so zeigt sich ein erheblicher Rückgang. Lahm führt für Westfalen noch 689 Arten auf, die sich wie folgt aufteilen:

Strauchflechten	48 Arten
Blattflechten	63 Arten
Krustenflechten	535 Arten
Gallert- und Fadenflechten	43 Arten

Wenn es sich bei diesen Angaben auch nicht ausschließlich um epiphytische Flechten handelt, so macht der Vergleich der beiden Artenzahlen (16:689) den erheblichen Rückgang deutlich. Allein für die Gruppe der Strauch- und Blattflechten, die vornehmlich auf Bäumen gedeihen, ergibt sich bei einem derartigen Vergleich, 11 (1973) : 111 (1885), eine Reduzierung um 90%.

Der Zusammenstellung der Flechten von 1885 stehen heute nur noch die in Tab. 11 aufgeführten Arten gegenüber.

Die Artenliste für die Flechten des UG legt den Schluß nahe, daß als Assoziation vornehmlich ein verkümmertes Physcietum ascendentis (Ochsner, 1928) in Frage kommt. Wenn auch von den bei Klement (1955) für diese Assoziation angeführten 35 Arten nur 13 vorhanden sind, so gehören doch fast alle im UG gefundenen Arten dem *Physcietum ascendentis* an.

Eine Kurzcharakteristik der Assoziation gibt Klement (1955):

„Photo-, xero-, neutro bis schwach basiphil. Stark nitrophil. Säurespanne nach Trümpener (1926) pH 5,0 bis 7,0. Koniophil. Der Feuchtigkeitsbedarf wird ausschließlich aus Niederschlägen gedeckt, in Nebelgebieten entwickelt sich eine *Ramalina*-Fazies. Erträgt von allen Gesellschaften des *Xanthorion* am besten Stickstoffeinwirkung und scheint sogar N-Verbindungen zur Existenz nötig zu haben. Widerstandfähig gegen Rauchschäden, dringt deswegen auch weit in das Stadtinnere vor. Bevorzugt windoffene Standorte".

Tab. 11. Artenliste der im Münsterland an *Malus domestica* gefundenen Flechten, geordnet nach ihrer Toxitoleranz

Bemerk.		Art	Häufigkeit (Anz. d. Stat.)	Q-Wert
O. Char. Art	1.	*Lecanora varia* (Ehrh.) Ach	126	4 (4,0)
	2.	*Lepraria* spec. (*Lepraria aeruginosa*, Wigg.) Sm	129	4 (4,0)
Char. Art	3.	*Physcia tenella* (Scop.) Bitt. (+ *P. ascendens* Bitt.)	53	6 (5,6)
O. Char. Art	4.	*Buellia punctata* (Hoffm.) Mass. (syn. *B. myriocarpa* Dc) Mudd.	47	6 (5,6)
Klass. Char.	5.	*Hypogymnia physodes* (L) Nyl. (syn. *Parmelia physodes* L. Ach.)	37	6 (5,9)
O. Char. Art	6.	*Candelariella xanthostigma* (Pers.)	20	6 (6,4)
Verb. Char.	7.	*Parmelia acetabulum* (Neck.) Duby	2	6 (6,0)
Klass. Char.	8.	*Parmelia sulcata* Tayl.	23	7 (6,6)
Verb. Char.	9.	*Parmelia exasperatula* Nyl. (+ *P. fuliginosa* Duby Nyl.)	15	7 (7,0)
	10.	*Parmelia saxatilis* (L.) Ach.	16	8 (7,8)
Char. Art	11.	*Physcia orbicularis* (Neck.) DR	4	8 (8,0)
O. Char. Art	12.	*Evernia prunastri* (L.) Ach.	5	9 (8,6)
O. Char. Art	13.	*Lecanora subfusca* coll. (L.) Ach.	2	9 (8,6)
Verb. Char.	14.	*Xanthoria parietina* (L.) TH. Fr.	2	9 (9,0)
	15.	*Cetraria glauca* (L.) Ach (syn. *Platismatica* gl. (L.) Culbe. C.	3	9 (9,0)
	16.	*Cladonia* spec. (= *Cl. chlorophaea* Flk./ Schaer)	10	10 (10,0)

Die auf Grund der klimatischen Verhältnisse zu erwartende Subassoziation der humiden Gruppe des *Physcietum ramalinosum fraxinae* Ochsner 1928 scheidet wegen des vollständigen Fehlens der Ramalinen aus.

Von den 10 für die Assoziation des *Physcietum ascendentis* angegebenen Charakterarten existieren im kartierten Gebiet nur noch 3, *Physcia tenella, Physcia ascendens* sowie *Physcia orbicularis.* Hinsichtlich der Stetigkeit und des Deckungsgrades treffen die Angaben nur für die ersten beiden Arten zu.

Die von Klement (1947) im Dümmerseegebiet und von Kirschbaum (1973) in der Region Untermain vermißte und zu der Gesellschaft gehörende Verb. Char. Art *Xanthoria parietina* ist lediglich an zwei Stationen (9.01, 8.02) des Nordwestens vertreten. Damit entspricht sie nicht der ihr in anderen Untersuchungen zugeschriebenen Toxitoleranz und ubiquitären Verbreitung. Es scheinen hier die Erklärungen Trümpeners (1926) zuzutreffen, wonach diese Art die höchsten pH-Ansprüche aller neutrophytischen Flechten stellt (Bibinger, 1967; Steubing, 1974). Mit Werten von 4,5 (Feld 8.02) und 5,9 (Feld 9.01) sind diese Bedingungen erfüllt, was sich auch in der unterschiedlichen Vitalität von 2 (pH 4,5) und 3 (pH 5,9) niederschlägt. Ebenso konnte die Verb. Char. Art *Parmelia exasperatula* die Angaben Klements hinsichtlich Stetigkeit und Deckungsgrad nicht erreichen. Dagegen sind bei den Ordnungscharakterarten *Buellia punctata* und *Candelariella xanthostigma* die angegebenen Werte für Stetigkeit und Deckung übertroffen.

Evernia prunastri, neben *Cladonia* spec. die einzige Strauchflechte, kam mit ihrem seltenen Vorkommen an nur 5 Standorten bei weitem nicht an die bei Klement geforderten Werte für Stetigkeit und Deckung heran. Die als Klassencharakterarten aufgeführten *Hypogymnia physodes* (syn. *Parmelia physodes*) und *Parmelia sulcata* werden, so bald es die Immissionen zulassen, ihrem ubiquitären Verbreitungscharakter gerecht. Hinsichtlich des Deckungsgrades und der Stetigkeit übertreffen sie dann sogar die angeführten Werte.

6.2. Anordnung der Zonen und räumliche Verteilung der IAP-Werte

Auf Grund der Kartierung wurden im Münsterland sowohl Gebiete außerordentlich intensiver als auch solche praktisch flechtenleerer Areale vorgefunden. Dies ist aus Karte 5 deutlich zu ersehen. So erweist sich der industriell besonders geprägte südliche Kartierungsbereich um Recklinghausen, Werne, Bockum-Hövel, Marl, Haltern bis nach Dülmen herauf vornehmlich durch den Flechtenindex 0 charakterisiert und damit zu Zone 1 zugehörig. Erst in einer durchschnittlichen Entfernung von 20 km vom Südrand des UG (= Nordgrenze des Ruhrgebietes im engeren Sinn) entwickelt sich eine Flechtenvegetation mit einer Zunahme des Artenreichtums nach Norden. Dementsprechend sind auch die Zonen von Süden nach Norden gestaffelt. Ihr Verlauf ist dabei gekennzeichnet durch weite nach Süden und Norden vordringende Ausbuchtungen, die die Zonen eng miteinander verzahnen. Inselartig in Zone 3 liegt im NO mit dem Flechtenindex 0 (= Zone 1) der Raum Münster.

Um Entwicklung und räumliche Verteilung der IAP-Werte zu verdeutlichen, sind die Indizes der einzelnen Spalten zu Profilreihen verbunden und diese zu einem pseudoplastischen Kurvengebierge zusammengestellt worden (Abb. 5). Deutlich wird auch hier der weite Raum der flechtenarmen Zone 1, der sich durchschnittlich 20 km, maximal 35 km, in das Münsterland hinein erstreckt. Dann erst setzt eine allmähliche Zunahme der Werte ein. Neben dem regional unterschiedlichen Beginn der Profile fällt ihr unruhiger Verlauf auf. Kein Profil zeigt ein kontinuierliches Ansteigen der Werte hin bis zu Zeile 9 wie dies eigentlich aus der alleinigen Industriekonzentrierung im Süden und einer daraus resultierenden stetigen Abnahme der Immissionen nach Norden zu erwarten gewesen wäre. Vielmehr wechseln „Gipfel“ und „Depressionen“ ab, deren Erklärung aber nicht immer in befriedigender Weise gefunden werden konnte.

Mit Hilfe einer Korrelation der beiden Variablen IAP-Wert und Abstand der entsprechenden Stationen vom Ruhrgebiet läßt sich jedoch ein stetiges Anwachsen

Tab. 12. Korrelation der IAP-Werte zur Entfernung der Stationen zum Ruhrgebiet (S = Spalte; r = Korrelationskoeffizient)

S:	01	02	03	04	05	06	07	08	09	10	11	12	13
r =	0,88	0,76	0,73	0,75	0,76	0,75	0,78	0,88	0,83	0,91	0,26	0,56	0,82

r Untersuchungsgebiet: 0,75

der Werte nach Norden nachweisen. Die folgende Tabelle (Tab. 12) gibt über diese Korrelation Auskunft, wobei zum einen die Werte innerhalb der einzelnen Spalten (01-13) zum anderen die Werte des gesamten Untersuchungsraumes in Beziehung zur Entfernung gesetzt werden.

Es zeigt sich, daß alle Spalten – mit Ausnahme von 11 und 12 (hier wirken sich die niedrigen IAP-Werte des Stadtgebietes von Münster aus) – einen im Durchschnitt recht hohen Korrelationskoeffizienten aufweisen.

In Kenntnis der klimatologischen Parameter wäre eigentlich ein stärkerer SW-NO Verlauf der Luftreinheitszonen zu erwarten gewesen, als er sich im vorliegenden Fall ausprägt. Das hieße, daß sich auch die IAP-Werte in NO-Richtung zu erhöhen hätten. Eine entsprechende Korrelation erbrachte jedoch nur für einige wenige SW-NO Spalten eine brauchbare Signifikanz, während für den Großteil der Werte eine analoge Abhängigkeit, wie für die S-N Spalten, nicht gegeben war. Die Ursachen hierfür sind wohl in den orographischen Gegebenheiten (starke Kammerung) als auch in den mit unterschiedlicher Geschwindigkeit und Intensität wehenden Winden zu suchen.

6.3. Charakteristik und Interpretation der Flechtenzonen

Die IAP-Werte, die nach Zusammenfassung ähnlicher Werte in Gruppen zur Abstufung von Zonen unterschiedlicher Luftqualität führten, basieren auf dem Zusammentreffen unterschiedlicher Faktoren, wie Frequenz, Deckungsgrad, Vitalität und Q-Wert. Auf Grund dieses Integrationscharakters, der keinerlei Auskunft über die Ursachen seiner Veränderung gibt, sind die IAP-Werte für eine Charakterisierung der Zonen nur teilweise zu gebrauchen. Entschieden besser eignen sich dagegen solche Merkmale der Flechtenvegetation, die sich mit den Zonen ändern. Das sind: Anzahl der Flechtenarten und über Frequenz, Deckung und Vitalität die f-Werte. Eine recht hohe und abgesicherte Aussagefähigkeit dieser Faktoren wird erreicht, wenn die Veränderung ausschließlich an einer definierten Gruppe von Flechtenarten, die in möglichst allen Zonen vorkommen sollten, untersucht wird.

Folgende 7 Arten kommen dafür in Frage: *Buellia punctata* (Q = 6), *Physcia tenella* (Q = 6), *Hypogymnia physodes* (Q = 6), *Parmelia sulcata* (Q = 7), *Parmelia exasperatula* (Q = 7), *Parmelia saxatilis* (Q = 8) und *Candelariella xanthostigma* (Q = 6).

Als Flechtenkriterien, die die Veränderungen der lufthygienischen Verhältnisse der Zonen anzeigen sollen, bieten sich an:

1. *Artenmeßziffer A*

Da der IAP-Wert abhängig ist von der Zahl der vorkommenden Flechtenarten, bietet sich die Angabe der mittleren Zahl der Arten in der Zone als Kennzeichen an.

2. *Mittlerer f-Wert*

Mit dem mittleren f-Wert hat man einen Index, der die durchschnittliche Beschaffenheit der Flechten hinsichtlich Frequenz, Deckungsgrad und Vitalität beschreibt.

3. *Mittlerer Q x f-Wert*

Da der Toxitoleranzfaktor der einzelnen Flechtenarten differiert, wird der Q-Zonenmittelwert in dem Produkt Q x f berücksichtigt.

Tab. 13. Charakterisierung der Zonen nach Mittelwerten

Zone	$\overline{A}$ Mittl. Zahl d. Arten/Station	$\overline{f}$ mittl. f-Wert Frequenz, Deckungsg., Vitalität	$\overline{Q \times f}$ mittl. Q x f-Wert
		der angeführten 7 Flechtenarten	
5	7,00	3,6	23,4
4	5,25	2,8	17,4
3	4,00	2,9	18,7
2	2,00	2,0	13,0

Die Ergebnisse der zonalen Mittelwerte von A, f und Q x f sind in Tabelle 13 wiedergegeben. Danach steigt die Zahl der Flechtenarten von Zone 2 nach 5 sichtbar an. Dieser Zunahme entsprechen aber $\overline{f}$ und $\overline{Q \times f}$ nicht im gleichen Maße. Wohl erhöhen sich deren Werte von Zone 2 zu 3, danach sind sie aber zu Zone 4 rückläufig. Besonders ausgeprägt zeigen dies die mittleren Q x f-Werte. Zone 5 dagegen behält auch für diese Wertegruppen ihre Spitzenposition bei.

Flechtenzone 1

Die Zone 1 ist nach den vorliegenden meteorologischen Messungen und dem mangelhaften Flechtenbewuchs gekennzeichnet als Raum starker Immissionsbelastungen. Zieht man die Q x f-Werte von Lecanora varia als ein weiteres Abgrenzungskriterium dieser Zone heran, so läßt sich der südliche Bereich des UG als am stärksten belastet ausgliedern. Der f-Wert dieser Krustenflechtenart, die mit einem Q-Wert von 4 die toxitoleranteste des UG ist, lag hier teilweise bei 2, für diese Art extrem niedrig.

Infolge der relativ niedrigen Windgeschwindigkeit, vor allem der S-Winde, bleibt die Schadgaskonzentration advektiv herangeführter Immissionen hoch. Verstärkend wirkt noch, daß sich in dieser Region am nördlichen Rand des Ruhrgebietes zahlreiche Großemittenten, wie Aluminiumwerk, Zinkhütte u.a., befinden. Bei der Interpretation der Zonen müssen neben der Orographie auch ihre Vegetationsformationen beachtet werden. So erklärt sich die Ausbuchtung der Zonen 2 und 3 in Feld 5.04 nach Süden durch die Auswirkungen der bewaldeten Hohen Mark. Erst im Lee (bezogen auf S u. SW Winde) dieser Erhebung (136 m) kommt Flechtenbewuchs auf, während im Luv bis auf eine Ausnahme O-Werte vorliegen. Danach wären analog für die Haard, die gleichen Bewuchs und gleichartige Relief-

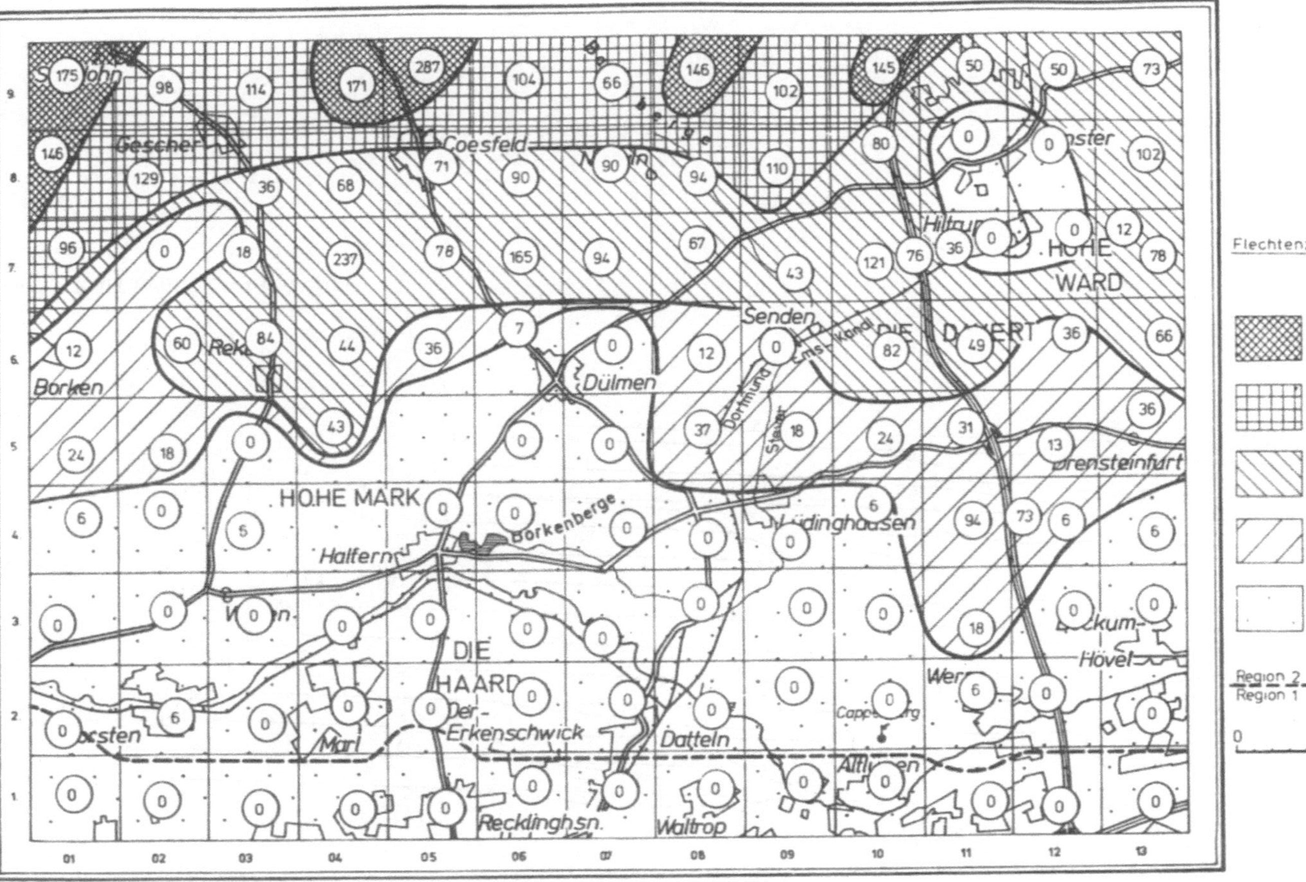

Karte 5. Flechtenzonierung.

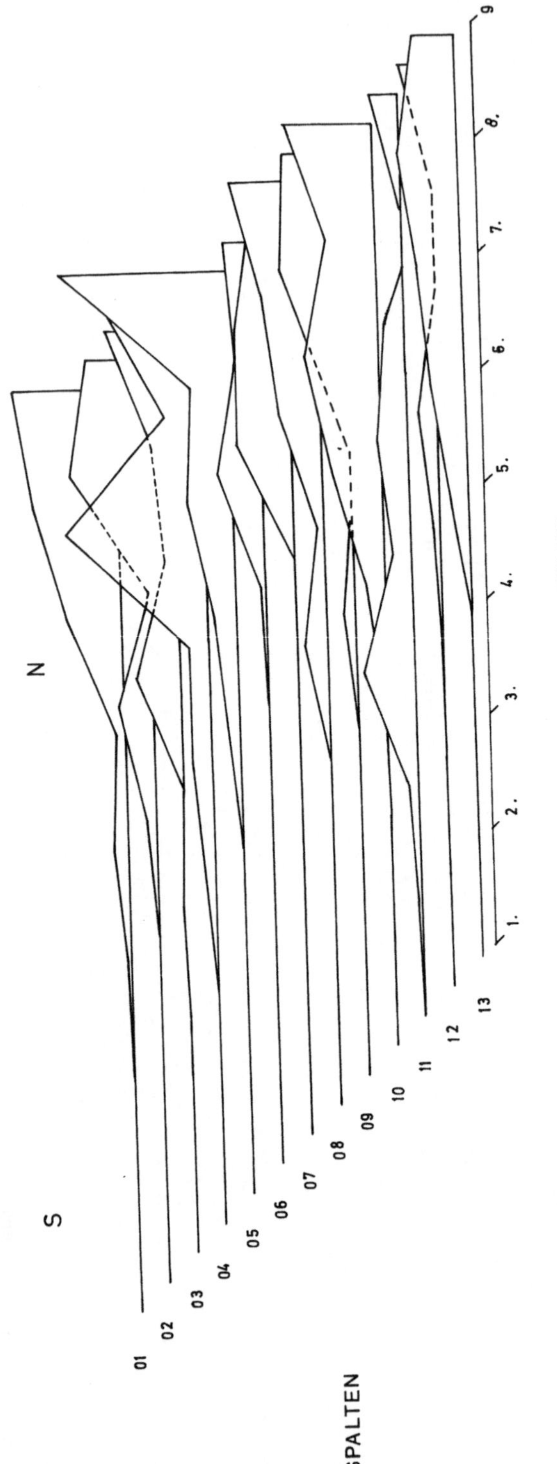

Abb. 5. Reihenprofile der IAP-Werte.

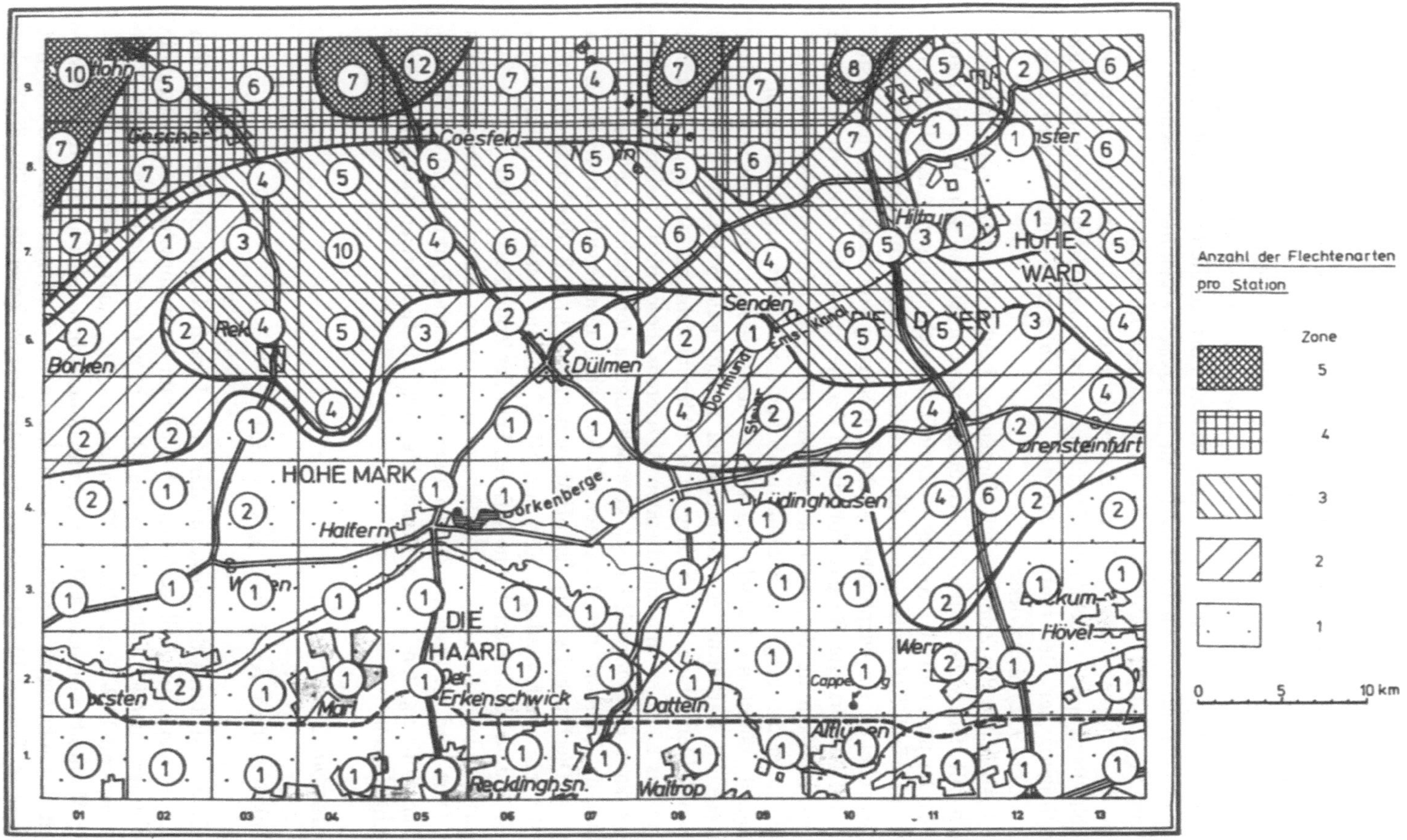

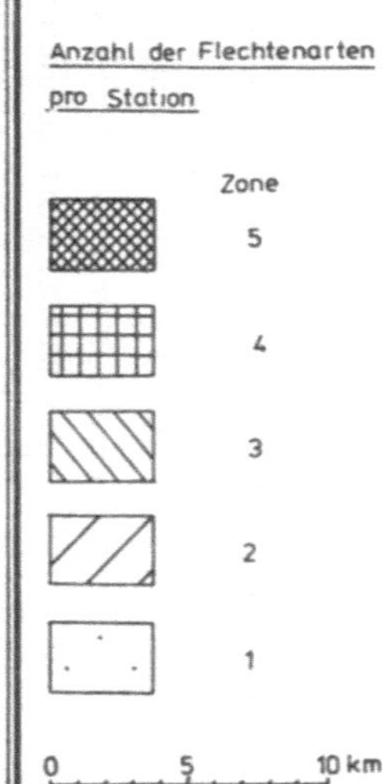

Karte 6. Anzahl der Flechtenarten pro Station.

energie aufweist, ähnliche Werte zu erwarten. Alle Stationen rund um die Erhebung haben aber einen IAP-Wert von O.

Die starke Immissionsbelastung, die sich hierin ausdrückt, wird verdeutlicht durch die Ausweisung der Haard als ausgedehntes Versuchsfeld für industrierauchfeste Holzarten (Dege, 1968). Vor allem werden dort Koniferen getestet, die nach Knabe (1972) nur unterhalb einer für sie als toxisch erkannten SO_2-Konzentration von $\overline{x}_{veg}$ = 0,08 $mgSO_2/m^3$ gedeihen können. Im Meßjahr 1969/70 betrug jedoch die SO_2-Belastung (I_1-Wert) dieses Gebietes 0,13 $mgSO_2/m^3$. Auf eine deutliche Beziehung zwischen der Schädigung von Koniferenwäldern und der Beeinträchtigung der Flechtenflora für das Ruhrgebiet und seine Randzonen hat Schönbeck (1972) hingewiesen.

Das Auskeilen der Zone 1 nach Norden bei Feld 6.07 scheint zunächst recht einfach mit den vorherrschenden Windrichtungen erklärt zu sein. Was aber auffällt, ist der unvermittelte Anstieg zu Zone 3, der sich in diesem Ausmaß lediglich im Nachbarfeld 5.07 wiederholt. Ein Lee-Effekt kommt nur bedingt in Frage. Ebenso scheidet ein edaphischer Wechsel, Übergang von Sand- zu Kleimünsterland, aus. Als Ursache für das Vordringen der flechtenarmen Zone so weit nach Norden, muß der in diesem Gebiet sehr viel häufiger auftretende Nebel genannt werden, über den bis jetzt allerdings noch keine amtlichen Aufzeichnungen über Häufigkeit, räumliche Ausdehnung und Dauer vorliegen. Die Nebelzone reicht nach eigenen Kartierungen vom Merfelder Bruch (Feld 5.05) bis in den Raum Dülmen-Buldern. Eine Fortsetzung nach Süden besteht bis zur Lippeniederung. Infolge des häufigen und anhaltenden Auftretens dieses nicht meßbaren Niederschlags, kann eine entschieden stärkere Schädigung der Flechten und eine Unterbindung der Keimung der Diasporen erfolgen, als in den benachbarten nebelfreien Räumen. Die Ergebnisse aus den pH-Messungen (s. Pkt. 6.8) der Borke unterstützen dies: ein relativ niedriger Wert von pH 3,3 in Zone 1 steht einem solchen von pH 4,1 in dem anschließenden nebelfreien Feld der Zone 2 gegenüber.

Bortenschlager & Schmidt (1963) beschreiben einen ähnlichen Nebeleffekt aus Linz. Dort wird die Insel der Zone 5 innerhalb der Zone 2 erklärt mit der synergistischen Wirkung von starker Beaufschlagung mit Industrieabgasen und großer Nebelhäufigkeit.

Flechtenzone 2

Zonenkennziffern: $\overline{A} = 2; \overline{f} = 2; \overline{Q \times f} = 13{,}0$

Die Zone 2 ist durch das Auskeilen der Zone 1 nach Norden in einen westlichen und einen östlichen Teil gegliedert. Von ihrem Übergangscharakter zeugen die recht unterschiedlich hohen IAP-Werte. Obwohl per definitionem die Zone 2 nur Stationen mit IAP-Werten von 7-37 umfassen sollte, mußten auf Grund des räumlichen Verbreitungsmusters Stationen mit höherer bzw. auch niedrigerer IAP-Wertigkeit miteinbezogen werden. So steht den beiden Stationen 7.02 und 6.09 mit Index O in Feld 4.11 eine solche mit IAP-Wert 94 gegenüber. Für die beiden

Null-Stationen, umgeben von Arealen mit reicherem Flechtenartenvorkommen, konnte keine Ursache gefunden werden. Selbst eingehende Untersuchungen an über 100 Bäumen der Station 6.09 erbrachten keine weiteren Flechten als *Lecanora varia* und *Lepraria* spec. Deutlich erkennbar war hingegen die Artenzunahme zu den Nachbarfeldern. Der höhere Wert der im Lee eines Waldgebietes gelegenen Station 4.11 indes kann lokalklimatisch bedingt sein.

Die Grenzziehung der Zone 2 im nordwestlichen Teil gestaltete sich wegen der dort stark differierenden IAP-Werte äußerst problematisch. Es erscheint sowohl von den klimatologischen Parametern als auch von dem Fehlen größerer Emittenten her unwahrscheinlich, daß sich eine knapp 4 km breite Zone höherer Immissionsbelastung weit in ein Gebiet niedrigerer Belastung hinein erstrecken soll. Ebenso sprechen die relativ hohen pH-Werte der Baumborke wie auch die sehr niedrigen SO_2-Werte gegen einen solchen Zonenverlauf. Wenn aber trotzdem der vorliegende Verlauf gewählt wurde, so nur deshalb, weil die dortigen IAP-Werte überwiegend Zone 2 angehörten und darüberhinaus die Grenzziehung der Zonen im UG sich einheitlich, bis auf die in Kap. 5.7. genannten Besonderheiten, nach den Luftreinheitsindices richtete.

Die Ausbuchtung der Zone 2 nach Süden hin bis zur Station 3.11 dürfte verschiedene Ursachen haben. Zum einen liegen alle Stationen (s. Abb. 1) im schützenden Lee der nach Norden einfallenden und bewaldeten Schichtstufe von Cappenberg. Zum anderen, und dies ist wohl eine daraus resultierende Folgeerscheinung, zeigt die SO_2-Belastung dort geringere Werte an. Als eine weitere Ursache wären noch eventuell edaphische Faktoren zu nennen, da sich der Grenzverlauf mit dem Wechsel von Klei- zu Sandmünsterland deckt. Betrachtet man jedoch das Zurückweichen des Zonenverlaufs von Station 3.11 nach NO, wobei der Untergrund konstant bleibt, dagegen aber die geschützte Leelage fehlt und sich dementsprechend sofort höhere SO_2-Werte einstellen, so ist wohl allein dem Leeffekt das südwärtige Vorspringen von Zone 2 zuzuschreiben.

Flechtenzone 3

Zonenkennziffern: $\overline{A} = 4$; $\overline{f} = 2{,}9$; $\overline{Q \times f} = 18{,}7$

Die Zone 3 ist W-O gerichtet mit einer nach S gewendeten Drehung im Westen und einer Verbreiterung nach NO im Osten. Die Nordgrenze läuft in etwa dem Fuß der Baumberge parallel. Dem Einfluß der Hohen Mark ist die Ausbuchtung nach Süden zuzuschreiben.

Gegenüber der Zone 2 haben alle Zonenkennziffern zugenommen, ein Beweis für die verbesserten Wuchsbedingungen der Flechten. Der für die Zone zu hohe IAP-Wert 237 muß auf die geschützte Lage der Station 7.04 zurückgeführt werden. Das gesamte Areal ist durch Windschutzpflanzungen und kleine Wälder sehr eng gekammert.

Beeindruckend ist der abrupte Abfall der Werte zu der Enklave der Zone 1 des Raumes Münster, der sich auf den Stadteinfluß gründet. Die für die vorherrschenden SW-Winde atypische Ausbreitungsform der Zone, von NW nach SO, muß zum einen mit der vorwiegend N-S Erstreckung der Stadt zum anderen mit der chemischen Industrie in Hiltrup im SE der Stadt als einem starken Emittenten erklärt werden. Eine Detailkartierung entlang einer von diesem Werk nach NE und SW gelegten 10 km langen Diagonale erbrachte nach NE keine weiteren Flechtenarten. Im Luv der Fabrikanlage setzte dagegen eine baldige Zunahme der Flechtenarten in den Stationen 7.10 und 7.11 ein (s. Karte 6).

Flechtenzone 4

Zonenkennziffern: $\overline{A} = 5{,}25$; $\overline{f} = 2{,}8$; $\overline{Q \times f} = 17{,}4$

und

Flechtenzone 5

Zonenkennziffern: $\overline{A} = 7$; $\overline{f} = 3{,}6$; $\overline{Q \times f} = 23{,}4$

Die in der Zone 4 gegenüber der Zone 3 entschieden höheren absoluten IAP-Werte bei vergleichsweise kleineren $\overline{f}$- und $\overline{Q \times f}$-Werten sind das Besondere dieser Zone. Sie erklären sich allein aus einer größeren Artenzahl, wobei anzumerken ist, daß $\overline{f}$- und $\overline{Q \times f}$-Werte auf eine geringere Individuenzahl/Flechtenart/Station hinweisen. Wenn also die höhere Artenzahl eine abnehmende Immissionsbelastung ausdrückt, so hätte sich diese eigentlich auch in einer weiteren Zunahme der $\overline{f}$- und $\overline{Q \times f}$-Werte niederschlagen müssen. Für eine Minderung der Schadstoffintensität sprechen ebenfalls die höheren pH-Werte der Borke, die die Ansiedlung auch empfindlicher Flechtenarten ermöglichen.

Es erscheint unwahrscheinlich, daß die größere Zahl von Flechtenarten die ökologischen Bedingungen der einzelnen Flechten beschnitten und so eine Reduzierung herbeigeführt haben sollen. Dem widersprechen schon die Zonenkennziffern von Zone 5. Dort fallen bei noch größerer Artenzahl und gleich hohen pH-Werten die Werte für $\overline{f}$ und $\overline{Q \times f}$ deutlich höher aus. Bislang war es aber noch nicht möglich, die Ursache für die in Zone 4 gegenüber Zone 3 niedriger liegenden Durchschnittswerte aufzufinden.

Für Zone 5 muß gefragt werden, ob die relativ wenigen aber doch recht hohen IAP-Werte für die Berechtigung einer eigenen Zonenzuordnung ausreichen. Erschwerend wirkt, daß diese Stationen hoher IAP-Werte nicht in geschlossenem Verbund, sondern inselartig verteilt sind. Die Ursachen hierfür könnten in lokalen Bedingungen gegeben sein, wie dies auch für einige sehr hohe Werte anderer Zonen galt. So ist für den Wert von Station 9.05, den höchsten im UG überhaupt, die ausgeprägt geschützte Stationslage zu berücksichtigen. Hier sorgen ein Wald für Windschutz und ein Teich für genügende Luftfeuchtigkeit um eine hohe Stoffwechselaktivität zu ermöglichen. Ein Ausweichen an eine andere Station des Areals war nicht möglich, da nur an dieser einen Stelle Apfelbäume vorkamen. Im

Übrigen zeigen aber die hohen IAP-Werte der beiden benachbarten Stationen (9.04 und 9.06), die völlig offen waren, daß in dieser Region mit relativ hohen Flechtenfrequenzen zu rechnen ist.

Wenn also auf Grund der IAP-Werte Zone 5 als Optimalzone klassifiziert wurde, so hat diese Einstufung nur für das UG Gültigkeit. Es kann sich auch ebensogut – und dafür spricht die Zunahme der Flechtenartenzahl – um den Beginn einer nördlich sich anschließenden „Normalzone" handeln. Für eine derartige Entwicklung sprechen die Ergebnisse von Schönbeck (1972). Danach fallen die nordwestlichen Stationen der Zone 5 mit einem als „artenreich" gekennzeichneten Gebiet zusammen, das sich in die Niederlande hinein fortsetzt. Nach Norden schließen sich allerdings zunächst artenärmere Bereiche an, ehe in einiger Entfernung, in der Grafschaft Bentheim, eine formenreiche Flechtenbesiedlung feststellbar wird.

6.4. Frequenz und Expositionsverhältnisse der Flechtenarten

Untersuchungen über die Expositionsverhältnisse von epiphytischen Flechten liegen von Steiner & Schultze-Horn (1955), Villwock (1959), Domrös (1966) und Kirschbaum (1973) vor. Während Domrös und Kirschbaum in städtischen und ländlichen Gebieten kartierten, untersuchten Erstere die Verhältnisse nur in Städten. Es wurde dabei festgestellt, daß sowohl in der Stadt als auch im freien Land die bevorzugten Siedlungsrichtungen der NW und SW waren. Bei veränderten Wuchsbedingungen, zum Beispiel aufgrund der Ventilationsverhältnisse in Straßenzügen, konnten sowohl Steiner, Schultze-Horn als auch Domrös die Bevorzugung einer bestimmten Expositionsrichtung beobachten. Villwock zeigte für Hamburg, daß sich die Flechten mit der Annäherung an den Stadtkern auf eine Himmelsrichtung (meistens war es SW) beschränkten.

Für den Bereich des UG geben die in Abb. 6 angeführten Kurven Auskunft über die zonale Häufigkeit der einzelnen Flechtenarten in den 4 Expositionen NW, SW, SE und NE. Die Werte müssen dabei nach folgendem Muster interpretiert werden.

Beispiel: *Lecanora varia*
abgelesene Werte für *Lecanora varia*

Zone 1	NW	=	38
	SW	=	51
	SE	=	17
	NE	=	9

Für den NW: In 38% aller Felder (des Bewertungsrahmens), die in der Zone 1 an der NW-Seite der Bäume existieren, kommt *Lecanora varia* vor. Die Werte der übrigen Himmelsrichtungen müssen in analoger Weise gedeutet werden. Die Bezugsgröße 100% errechnet sich aus der Anzahl der in der betreffenden Zone untersuchten Bäume multipliziert mit 10, da der Stamm für die Kartierung in einer Höhe von 0,30-1,30 m durch den Bewertungsrahmen für jede Himmelsrichtung in 10 Felder eingeteilt war.

Diese Darstellung hat gegenüber dem üblichen Verfahren, in dem die Summe der Individuen über alle Himmelsreichtungen stets 100% ist den großen Vorteil, daß die Werte aller Flechten innerhalb einer Zone und der Zonen untereinander vergleichbar sind. Es lassen sich somit Tendenzen, wie beispielsweise die Zu- oder Abnahme von Flechtenarten, über die Zonen sowie über die Himmelsrichtungen ablesen.

Da man sich bei diesem Verfahren stets auf eine einzige Himmelsrichtung bezieht, erhalten die absoluten Zahlen über das Vorkommen der Art ein größeres Gewicht als bei der seitherigen Methode. Ebenso werden die unterschiedlichen Frequenzen, die für die Kennzeichnung eines Standortes oder Zone wichtig sind, berücksichtigt.

Wie aus Abb. 6 ersichtlich wird, gilt der Effekt, mit der Annäherung an das

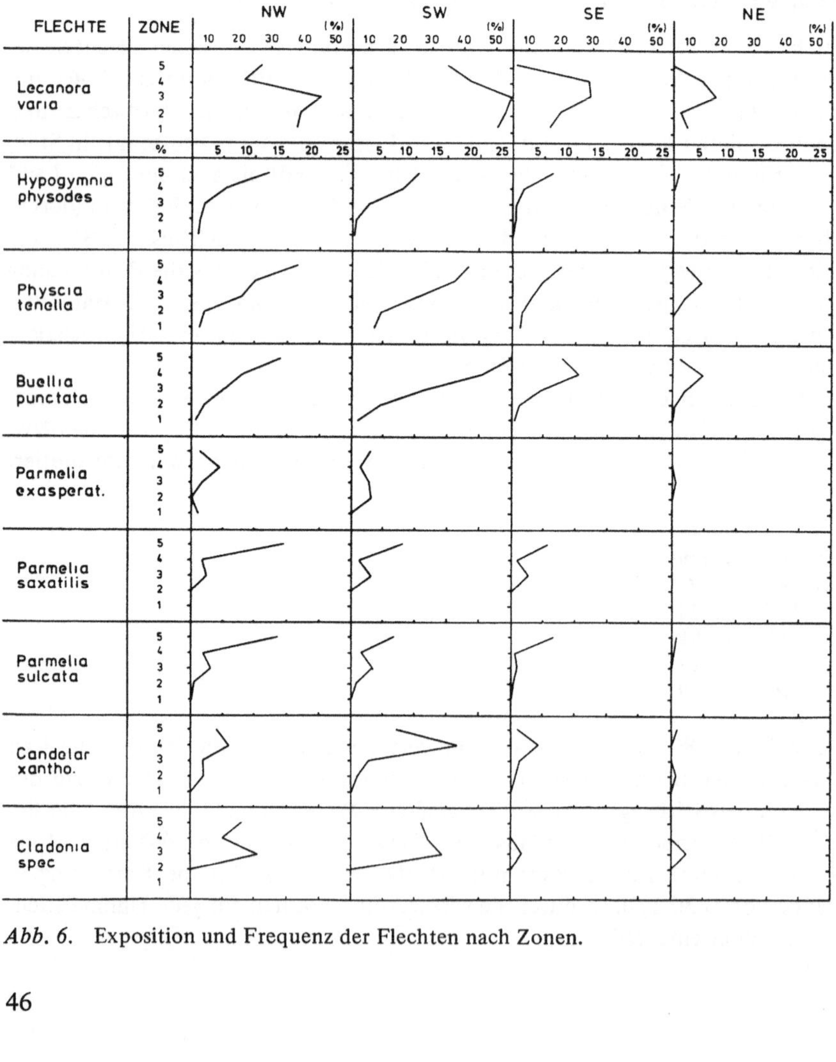

Abb. 6. Exposition und Frequenz der Flechten nach Zonen.

Emissionsgebiet eine Exposition zu bevorzugen, auch für die Flechten des südlichen Münsterlandes, obwohl hier die stadtklimatischen Faktoren als steuernd oder limitierend wegfallen. Werden in den ruhrgebietsnahen Zonen zunächst die NW- und SW-Seiten besiedelt, so erfolgt auch eine Frequenzzunahme der übrigen Seiten mit wachsender Entfernung. Allerdings bleiben SE und NE in den Häufigkeitswerten weit hinter den beiden anderen Richtungen zurück.

Folgende Arten meiden SE und/oder NE vollständig oder kommen dort nur in sehr wenigen Exemplaren vor:

Physcia orbicularis	NE, im SE nur geringe Mengen
Lecanora subfusca	SE und NE
Xanthoria parietina	SE und NE
Cladonia spec.	SE, geringe Frequenz im NE
Parmelia sax.	SE
Parmelia exasp.	NE

Neben den Expositionsverhältnissen lassen sich aus dem Kurvenverlauf der Abb. 6 noch die Änderungen der Frequenzen der einzelnen Flechtenarten in Abhängigkeit von der Zonenzugehörigkeit ablesen. Danach nimmt im allgemeinen die Zahl der Exemplare mit wachsender Entfernung vom Ruhrgebiet zu. Lediglich Lecanora varia zeigt ab Zone 3 eine fallende Tendenz, nachdem sie mit relativ hohen Werten in Zone 1 beginnt.

Da nun aber in den Flechtenzonen Stationen mit unterschiedlicher Entfernung zum Emissionsgebiet (= Ruhrgebiet) zusammengefaßt sind, lassen die Frequenzwerte der Abb. 6 nur bedingt eine Aussage über die Abhängigkeit von Frequenz und Abstand vom Emissionsgebiet zu. Für solche entfernungsabhängigen Angaben sind dagegen nur die Werte solcher Stationen vergleichbar, die in einer einheitlichen Distanz zum Ruhrgebiet liegen. Diese Bedingungen erfüllen jene Stationen, die zu gleichen Zeilen (1-9), jeweils in 5 km Abstand, gehören. Entsprechend dieser Prämisse sind die Frequenzwerte für *Lecanora varia, Buellia punctata, Hypogymnia physodes* und *Physcia tenella* berechnet worden (Abb. 7).

Für *Lecanora varia* wird aus Abb. 7 ersichtlich, daß auch sie in ihrem südlichsten Vorkommen nahe dem Ruhrgebiet mit 20% im SW und 10% im NW ihre niedrigsten Frequenzwerte im gesamten UG besitzt. Erst in 15 bzw. 20 km Entfernung (Zeile 3 u. 4) erreicht sie mit über 50% ihre höchsten Werte. SE und NE weisen erst in 40 km Abstand die meisten Exemplare auf. Hinsichtlich der Exposition bevorzugt *Lecanora* zunächst den SW. Aus dieser Verteilung muß angenommen werden, daß die optimalen Wuchsbedingungen für diese Flechte erst in ca. 15 km Entfernung vom Ruhrgebiet erreicht sind. Für die drei übrigen Flechtenarten gilt, daß die von ihnen am stärksten besiedelte Exposition, der SW, nicht auch gleichzeitig die Seite mit dem ersten Auftreten von Flechtenexemplaren ist. *Hypogymnia* und *Buellia* beginnen mit dem NW, *Physcia* mit dem SE. Erst an zweiter Stelle folgt dann bei allen Flechten der SW in einem einheitlichen Abstand von ca. 15 km vom Ruhrgebiet.

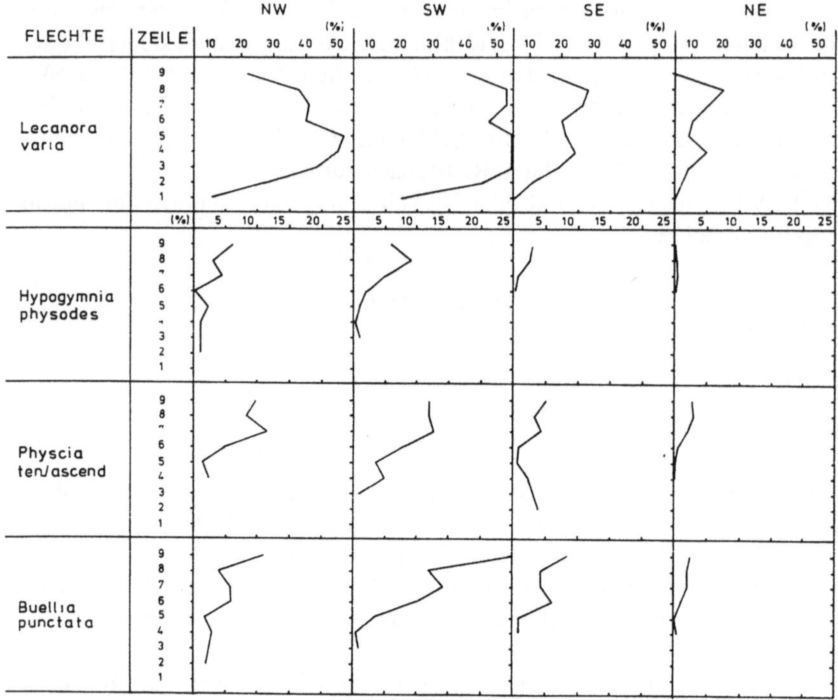

Abb. 7. Exposition und Frequenz der Flechten nach Zeilen.

6.5. Verbreitung der Arten im Untersuchungsgebiet

Im folgenden sollen in einer Kurzbeschreibung die typische Ausbildung und die Ursachen der Verbreitung bestimmter Flechtenarten dargelegt werden.

Um die Veränderungen einer Art innerhalb der Zonen schneller erfassen zu können, ist, ähnlich wie bei dem Verfahren der Zonenbeschreibung, für jede Flechtenart eine Charakterisierung mit zwei Indizes erfolgt:

1. Nach dem Vorkommen der Arten in den Stationen einer Zone errechnet sich ein Häufigkeitsindex. (H-Wert)

Dabei bedeuten:

1 = Flechte kommt in allen Stationen der Zone vor;

0,50 = Flechte kommt nur in der Hälfte der Stationen vor, usw.

2. Der mittlere f-Wert gibt Auskunft über das Durchschnittsverhalten von Frequenz, Vitalität und Deckungsgrad der Flechte in der Zone.

Eine Aufstellung des Häufigkeitsindex und des mittleren f-Wertes für die einzelnen Flechtenarten, geordnet nach den Zonen, bietet Tab. 14.

Tab. 14. Häufigkeit und mittlerer f-Wert der Flechtenarten in den Zonen
A = Häufigkeit; B = mittlerer f-Wert

Flechte	Zone 1 A	Zone 1 B	Zone 2 A	Zone 2 B	Zone 3 A	Zone 3 B	Zone 4 A	Zone 4 B	Zone 5 A	Zone 5 B
Lecanora varia	1	4,1	1	4,4	1	4,8	1	3,7	1	4
Buellia punct.	–	–	0,7	2,8	0,8	4,1	1	4	1	5
Physc. ten.	–	–	0,7	2,5	1	4	1	4,3	1	4,5
Hypog. phys.	–	–	0,4	1	0,8	2,3	0,6	2,8	1	3,6
Parm. sulc.	–	–	0,1	1	0,5	2	0,4	2,3	0,7	3,3
Parm. exasp.	–	–	–	–	0,2	2,1	0,4	2	0,6	1,6
Parm. saxa.	–	–	–	–	0,3	3	0,6	1,1	0,8	4
Cande. xanth.	–	–	–	–	0,4	2,8	0,6	3,2	0,8	3,4
Clado. spec.	–	–	–	–	0,3	3	0,3	2,8	0,3	2,5
Evern. prun.	–	–	–	–	0,3	1	0	0	0,3	1,5
Physc. orbic.	–	–	–	–	0,1	2	0,1	3	0,3	4
Parm. aceta.	–	–	–	–	–	–	0,1	1,5	0,2	1,5
Platis. glauca	–	–	–	–	0,1	2	–	–	0,2	1

LECANORA VARIA (Ehrh.) Ach. Syn. *L. pytirea* Erichs. Syn. L. conizaeoides Cromb.

	Zone 1	Zone 2	Zone 3	Zone 4	Zone 5
Häufigkeit	1	1	1	1	1
mittl. f-Wert	4,1	4,4	4,8	3,7	4

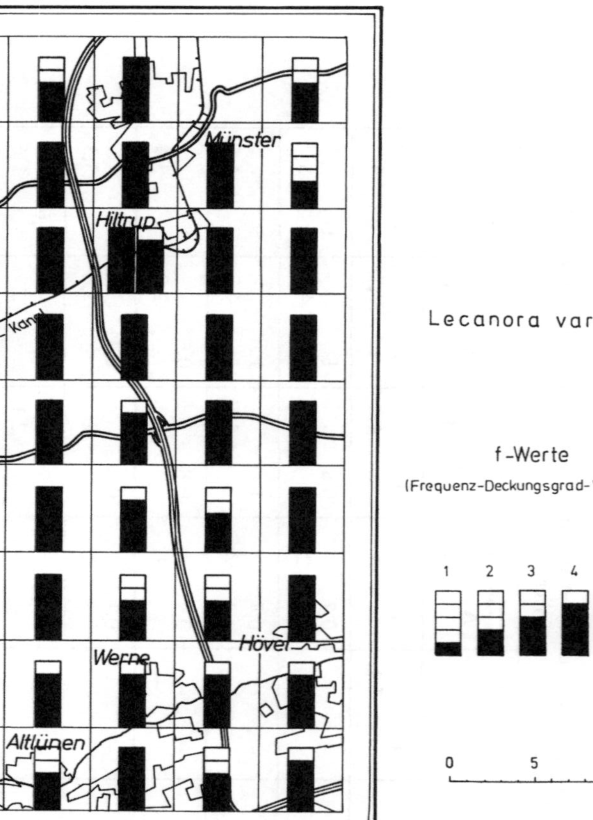

Karte 7. Räumliche Verteilung der f-Werte von *Lecanora varia.*

Lecanora varia ist an fast allen Stationen vertreten (Häufigkeitsindex 1). Lahm (1885) beschreibt sie als „gemein an Baumrinden und altem Holz".

Die Feststellung anderer Autoren, daß diese Art ausgesprochen toxitolerant ist, kann auch in dieser Untersuchung bestätigt werden. Als einzige Art dringt sie neben einer diffus ausgebildeten *Lepraria* bis in das Ruhrgebiet vor. Bei *Lecanora* handelt es sich wohl um die ökologische Modifikation *Lecanora conizaeoides* (Schönbeck, 1972). Bemerkenswert sind jedoch in dem ruhrgebietsnahen Bereich die niedrigen f-Werte; sie erklären sich sowohl aus einer geringen Frequenz als auch aus einer kümmerlichen Vitalität. Den SO_2-Gehalt für das mäßige Vorkommen allein verantwortlich zu machen, erscheint infolge der Schwefelresistenz unwahrscheinlich. Überdies wartet sie in stärker mit SO_2-beaufschlagten Gebieten mit höheren f-Werten auf (Karten 2,3 u. 7). Stattdessen müssen auch andere Schadgase (HF, HCl), sowie die hohe Staubbelastung mit als Ursache genannt werden. So war es zum Teil erst nach der Entfernung einer Schmutzschicht möglich, die Art zu identifizieren.

Verfolgt man den f-Wert über die Zonen, so wird bis Zone 3 eine Zunahme, danach aber eine Abnahme sichtbar. Wie der Kurvenverlauf in Abb. 6 zeigt, ist mit dem Übergang zu Zone 4 ein Frequenzrückgang zu verzeichnen, der, den NW ausgenommen, bis zu Zone 5 anhält. Damit verbunden ist ein niedrigerer Dekkungsgrad, wobei die Vitalität jedoch gleich hoch bleibt.

Auf den ersten Blick liegt die Schlußfolgerung nahe, die Ursache eines Artenrückgangs von *Lecanora varia* in der Zunahme der weiteren Flechtenarten zu sehen. Dies kann aber nicht zutreffen, da, wie auch von Kirschbaum (1973) beobachtet, nur in seltenen Fällen die übrigen Flechten mehr als 60% des Bewertungsfeldes bedeckten. Eine Erklärung könnte der pH-Wert der Borke mit für *Lecanora varia* recht hohen Werten um 4,5-5 sein. Barkman (1958) beschreibt das *Lecanoretum pytireae*, zu der *Lecanora varia* gehört, als extrem acidophytisch. Dem entspräche auch das optimale Gedeihen der Art auf saurer Rinde mit pH = 3,6, wie dies für einige Stationen des UG festgestellt werden konnte.

PHYSCIA TENELLA (Scop.) Bitt. + *PHYSCIA ASCENDENS* (Bitt.)

	Zone 1	Zone 3	Zone 4	Zone 5
Häufigkeit	0,7	1	1	1
mittl. f-Wert	2,5	4	4,3	4,5

Während die beiden gemeinsam aufgeführten Arten in Zone 1 nur ganz vereinzelt auftraten, konnte man einen Anstieg der Artenzahl mit zunehmender Entfernung vom Ruhrgebiet registrieren und, wie dies der Häufigkeitsindex ausdrückt, ab Zone 3 mit einer Präsenz der Arten an jeder Station rechnen. Daß auch die Zahl der Exemplare mit der Zonierung gleichmäßig steigt, kann aus dem Kurvenverlauf der Frequenzwerte (Abb. 6) geschlossen werden. Lediglich im NE ist der Übergang zu Zone 5 mit einer Abnahme verbunden.

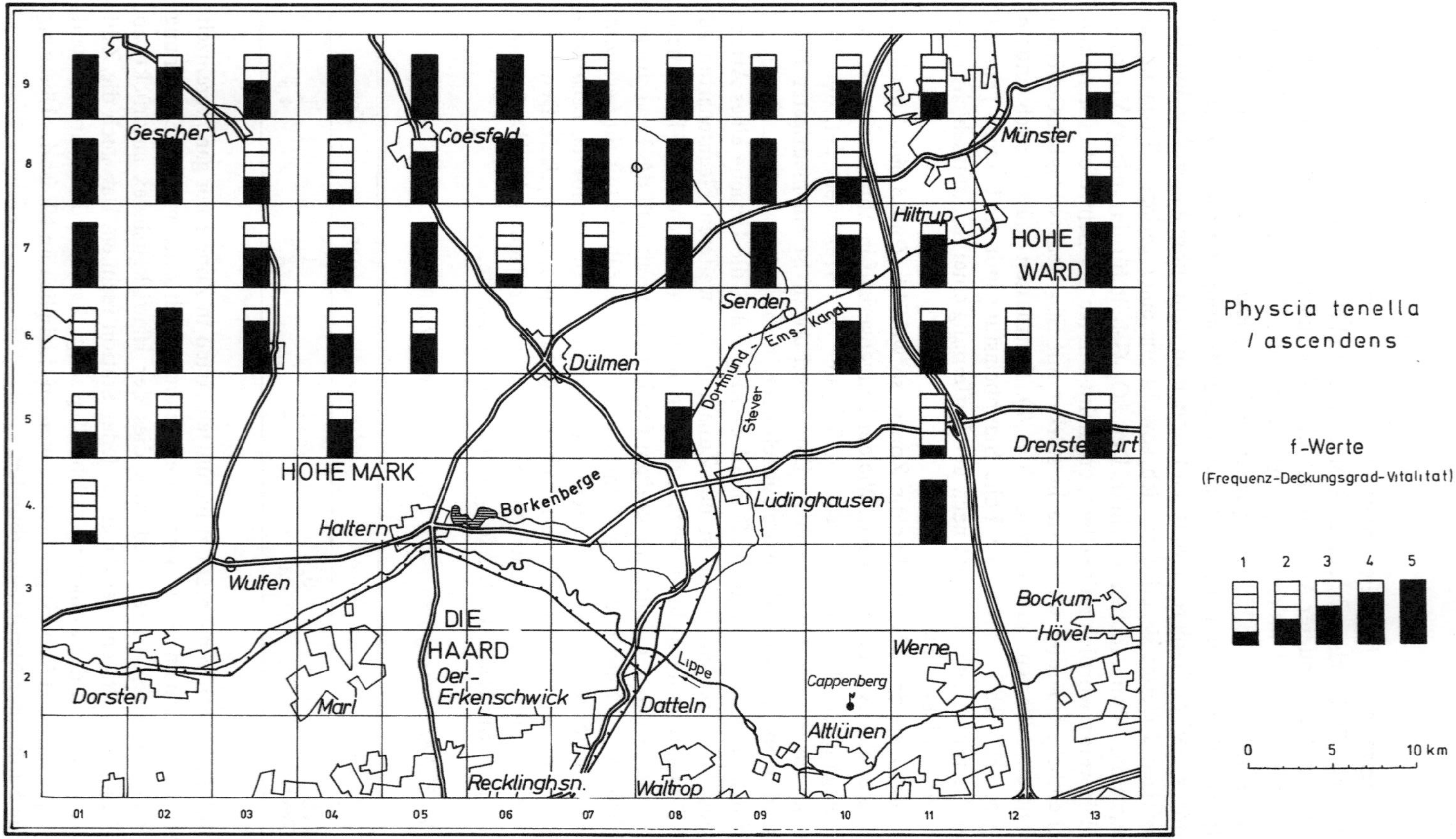

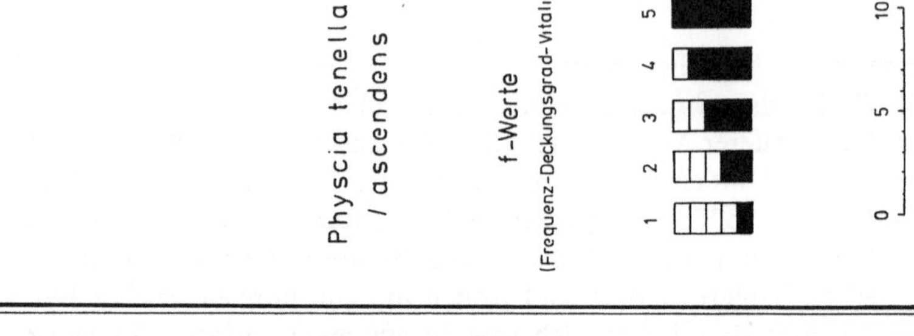

Karte 8. Räumliche Verteilung der f-Werte von *Physcia tenella.*

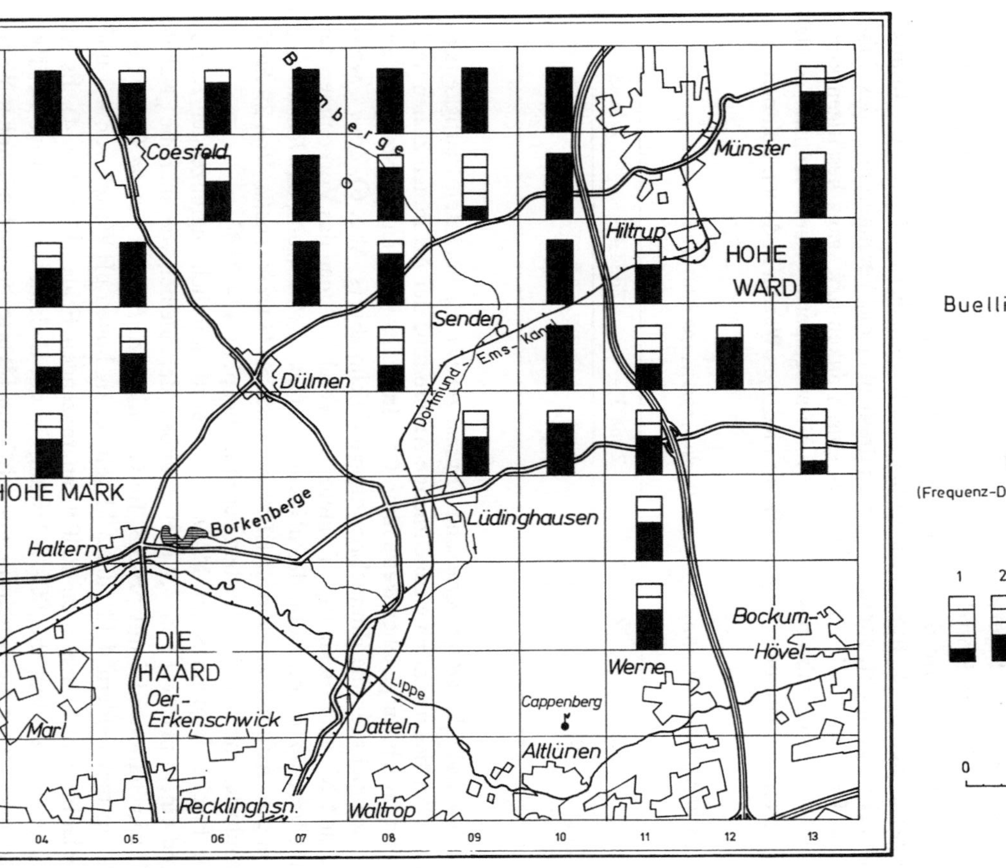

Karte 9. Räumliche Verteilung der f-Werte von *Buellia punctata.*

Physcia tenella und *Physcia ascendens* werden als sehr nitrophil und neutrophytisch beschrieben, weshalb sie in dem landwirtschaftlich genutzten Untersuchungsgebiet optimale Wuchsbedingungen vorfinden.

Vergleicht man die f-Werte mit den pH-Werten (Karten 8 u. 17), so kann man eine weitgehende gute Korrelation feststellen. Sowohl die pH-Werte der Baumborken als auch die f-Werte der Arten sind im Norden des UG hoch und nehmen gleichmäßig nach Süden hin ab. Damit liegt ein treffendes Beispiel vor, wie Immissionen nicht nur direkt, sondern auch indirekt über die Veränderungen des Substrats die Existenzmöglichkeit einer Art einschränken bzw. ganz beseitigen können. Als weitere Beweise passen der „*Physcia* ausgesparte" Raum Münster sowie die Nebelzone bei Dülmen (Feld 7.07) mit niedrigen Werten in diesen Rahmen.

BUELLIA PUNCTATA (Hoffm.) Mass. syn. *Buellia myriocarpa* (Dc) Mudd.

	Zone 2	Zone 3	Zone 4	Zone 5
Häufigkeit	0,7	0,8	1	1
mittl. f-Wert	2,8	4,1	4	5

Buellia hat nach *Lecanora varia* und *Physcia tenella* die höchsten Häufigkeitsindices. Ihr Anstieg macht eine zunehmende Ausbreitung der Art in den Zonen nach Norden deutlich. In gleicher Weise nimmt die Individuenzahl an den Stationen zu, wenn auch nicht für alle Himmelsrichtungen gleichmäßig (s. Abb. 6). Zone 5 weist im SE und NE eine rückläufige Tendenz auf. Vergleicht man das Vorkommen der Art mit Verteilung und Höhe der pH-Werte, so läßt sich folgern, daß *Buellia* eine noch engere Affinität zu neutraler Borke besitzt als *Physcia tenella.* Von 29 *Buellia*-Standorten mit pH-Wertangaben liegen 24 bei pH ± 4 (= 75%).

Die Flechte fehlt im Raum Münster, wobei die nördlich angrenzenden Regionen mit einem pH-Wert von 3,7 ebenso unbesiedelt bleiben wie auch die „Nebelzone" von Station 6.07 mit pH 3,3. Im Gegensatz zu *Physcia tenella* findet man *Buellia* in den Feldern 4.11 und 3.11 mit relativ hohen pH-Werten von 4,3 und 4,9; allerdings nicht mehr im südlich angrenzenden Feld 2.11 (pH = 4). Es ist anzunehmen, daß dort die SO_2-Belastung für ein Gedeihen zu hoch ist. Berücksichtigt man ferner die Änderung der mittleren f-Werte, so darf mit hoher Wahrscheinlichkeit angenommen werden, daß die Immissionen per se und über Substratänderungen (ähnlich wie bei *Physcia*) die Wuchsbedingungen der Flechte beeinträchtigen. Im Vergleich mit *Physcia tenella* scheint *Buellia punctata* auf Grund ihres weiter südlichen Vorkommens toxitoleranter zu sein.

In den Untersuchungen von Kirschbaum (1973) fehlt *Buellia* ebenfalls in den Leelagen der Stadt, taucht aber in ländlichen Gebieten wieder auf. Letzteres trifft auch für das UG zu und ist mit einer gewissen Nitrophilie zu erklären. Dies wird auch in der Bevorzugung der Stammbasis, vorwiegend in Zonen 1 und 2 (Abb. 9) deutlich. Hierin liegt eine Ähnlichkeit der Standortansprüche mit *Physcia tenella.*

HYPOGYMNIA PHYSODES (L.) Nyl. syn. *Parmelia physodes* (L.) Ach.

	Zone 2	Zone 3	Zone 4	Zone 5
Häufigkeit	0,4	0,8	0,6	1,0
mittl. f-Wert	1	2,3	2,8	3,6

Auf eine Immissionsabnahme nach Norden kann man angesichts der Zunahme der mittleren f-Werte von *Hypogymnia physodes* schließen, wobei der Anstieg, wie dies die Frequenzkurven zeigen, alle Himmelsrichtungen umfaßt. Aus dem Häufigkeitsindex wird aber auch ersichtlich, daß *Hypogymnia* in Zone 4 an vergleichsweise weniger Standorten vorkommt als in Zone 3, jedoch dort dann über höhere Deckungs- und Vitalitätswerte verfügt. In ihrer Verbreitung sowie Höhe der f-Werte entspricht *Hypogymnia* gut dem Zonenverlauf. So markiert sie neben anderen Arten den südlichen Beginn der artenreicheren Zonen. Mit *Buellia punctata* und *Physcia tenella* erscheint sie in den Übergangsfeldern 5.08, 4.10 und 2.11 von Zone 1 zu Zone 2. Auffallend dabei ist die Bevorzugung des südöstlichen Teils des UG, woraus auf eine geringere Schadstoffbeaufschlagung dort geschlossen werden darf.

In Widerspruch zu den Untersuchungen Schönbecks (1972) mit *Hypogymnia physodes* steht zunächst das Fehlen der Flechte im südlichen Bereich des UG, besonders in der flechtenarmen Zone 1. Dort hatte Schönbeck an exponierten Exemplaren keine nachweisbaren Schäden feststellen können. Von den 5 Explantat-Tafeln befanden sich 3 inmitten von Zone 1, während die beiden anderen Tafeln im Übergangsbereich zu Zone 2 exponiert waren, wo auch, wie bereits oben erwähnt, das natürliche Vorkommen nachgewiesen werden konnte – sich die Befunde also decken –. Die nicht nachweisbare Schädigung der übrigen 3 Exemplare ist wohl, wie dies auch Schönbeck ausführt, in der relativ kurzen Expositionszeit (nur wenige Monate) zu suchen.

Aufschlußreich für Intensität und räumliches Ausmaß der Immissionsbelastung im UG ist das spärliche Auftreten der höchsten f-Werte, die an nur 3 Stellen (7.05, 9.05, 9.08) ihren Optimalwert 5 erreichten. Wie die Stationsziffern aussagen, befinden sich diese Fundstellen in verhältnismäßig weiter Entfernung vom Ruhrgebiet.

Die auch vom Verfasser beobachtete Eigenart von *Hypogymnia physodes*, in den Übergangsbereichen zunächst für sich allein zu siedeln, später aber mit anderen Parmelien vergesellschaftet aufzutreten, deckt sich mit den Beobachtungen Vareschi's (1936).

PARMELIA SULCATA Tayl.

	Zone 2	Zone 3	Zone 4	Zone 5
Häufigkeit	0,1	0,5	0,4	0,7
mittl. f-Wert	1	2	2,3	3,3

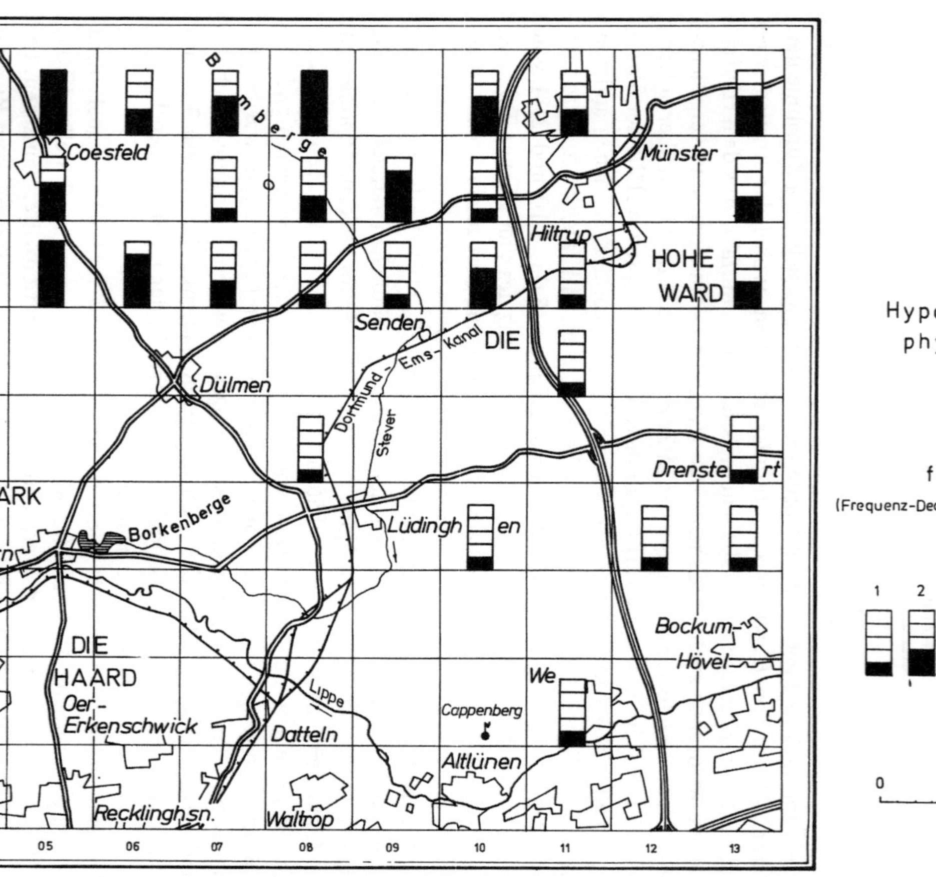

Karte 10. Räumliche Verteilung der f-Werte von *Hypogymnia physodes*.

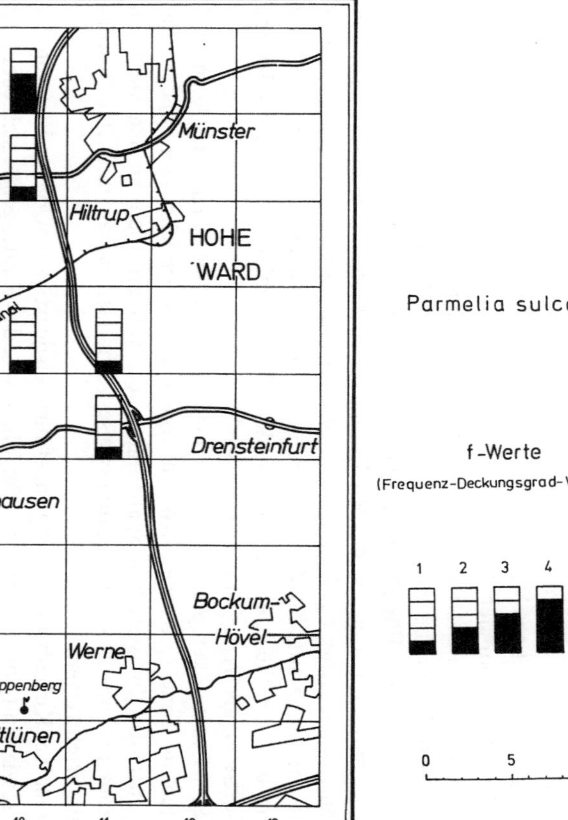

Karte 11. Räumliche Verteilung der f-Werte von *Parmelia sulcata.*

Parmelia sulcata kann eine mit *Hypogymnia physodes* vergleichbare Toxitoleranz aufgrund ihrer ähnlichen Verbreitung zugesprochen werden. Ein überwiegend gleichzeitiges Auftreten der Arten, wie dies Kirschbaum (1973) beschreibt, ließ sich allerdings nicht konstatieren. Zwar zeigten sich Parallelen in der Änderung der Flechtenkennziffer für die einzelnen Zonen, die Werte für *Parmelia sulcata* lagen jedoch stets niedriger. Für *Parmelia sulcata* – wie im übrigen auch für *Parmelia saxatilis* – charakteristisch, ist der Rückgang der Häufigkeit an den Stationen von Zone 3 zu Zone 4 (Abb. 6). *Hypogymnia physodes* dagegen wies dort eine stetige Zunahme der Werte auf. Zu Zone 5 stieg dann die Frequenz von Parmelia sulcata wieder an und die Flechte war dort an den NW exponierten Seiten der Bäume stärker vertreten als *Hypogymnia physodes.*

Gut entwickelte Exemplare fanden sich lediglich in Zone 5. Hier, sowie an zwei Standorten in Zone 3, wurden f-Werte von 4 und 5 erreicht. Dort bildete die Flechte auch die ihr typischen Spaltsoralen aus, während diese an den kleineren Exemplaren in Zone 2 nur andeutungsweise vorhanden waren und eine Bestimmung sehr erschwerten.

Die auch bei Kirschbaum (1973) angeführte eigenartige rotviolette Färbung der Flechte sowie ein teilweises Ablösen der Thalli von der Rinde, zeigte sich ebenfalls im UG. Diese Veränderungen müssen auf Hitzeeinwirkungen örtlicher Feuerstellen oder flächenhafter Grasbrände zurückgeführt werden. Eine derartige Verfärbung konnte besonders nach frischen Bränden wahrgenommen werden, wobei ein dadurch verursachter Rauchschaden ebenfalls nicht auszuschließen ist.

Die in den einzelnen Zonen unterschiedlich entwickelten Thalli sowie ihr weites pH-Spektrum von 2-9 (nach Baddeley, Ferry & Finegan, 1971) lassen die Flechte als eine gute Indikatorart für Immissionen erscheinen.

CANDELARIELLA XANTHOSTIGMA (Pers.)

	Zone 2	Zone 3	Zone 4	Zone 5
Häufigkeit	–	0,37	0,6	0,8
mittl. f-Wert	–	2,8	3,2	3,4

Candelariella gehört zu der Gruppe von Flechten, die erst in ca. 30 km Entfernung vom nördlichen Rand des Ruhrgebietes zum ersten Mal auftauchen. Wie aus dem Häufigkeitsindex ersichtlich wird, ist sie dort (Zone 3) aber gleich in 40% der Stationen vertreten. Von Zone 3 zu Zone 5 steigt sowohl ihr mittlerer f-Wert als auch die mittlere Häufigkeit dann stetig an. Die Frequenz freilich erhöht sich nur bis zur Zone 4 um dann zur Zone 5 hin abzufallen (Abb. 6).

Aufgrund ihres ersten Auftretens in großer Entfernung vom Ruhrgebiet ist zu schließen, daß sie nur eine geringe Schadstoffverträglichkeit besitzt. Nimmt man

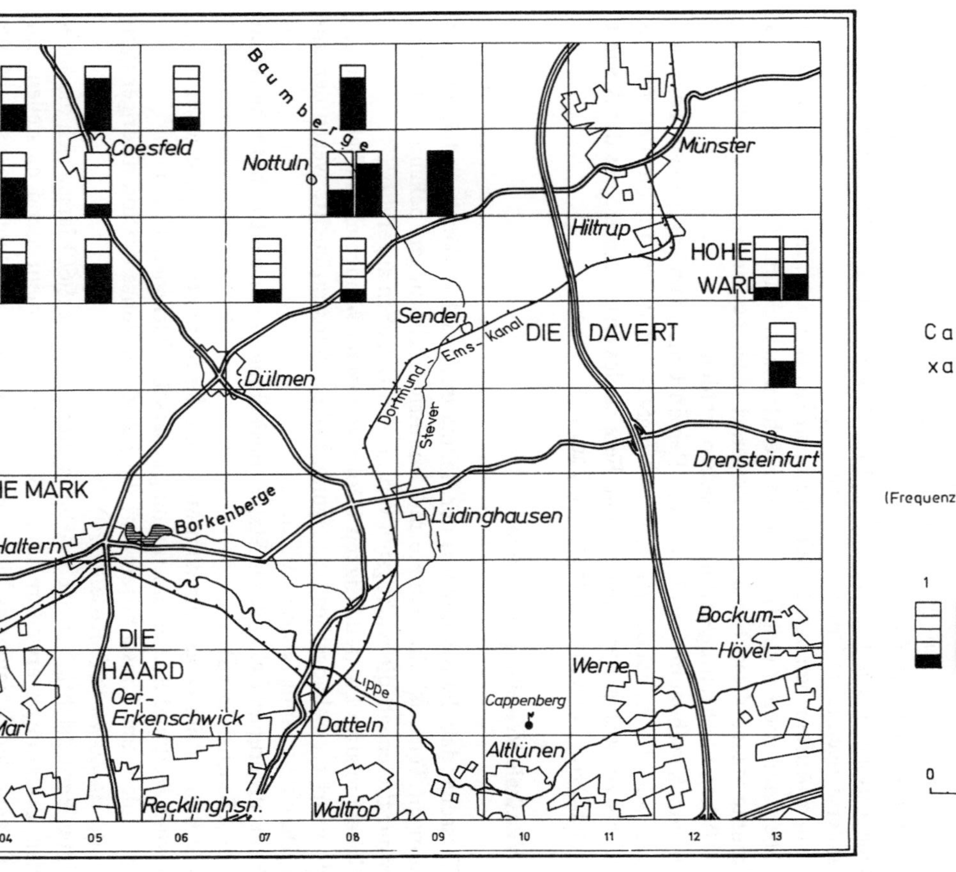

Karte 12. Räumliche Verteilung der f-Werte von *Candelariella xanthostigma.*

jedoch ihren Toxitoleranzfaktor Q = 6, so müßte man sie eigentlich mit *Physcia* oder *Hypogymnia* gleichsetzen, die allerdings schon in entschieden stärker belasteten Zonen vorkommen. Der Faktor Q = 6 ist aber bei *Physcia tenella* und *Hypogymnia physodes* durch Aufrundung von 5,6 bzw. 5,9 entstanden, bei *Candelariella xanthostigma* hingegen durch Abrundung von 6,4. Der in der Differenz des Faktors 0,8 (gegenüber *Physcia*) oder 0,5 (gegenüber *Hypogymnia*) sichtbar gewordene Unterschied der Sensibilität äußert sich dementsprechend auch in einer ganz andersartigen räumlichen Verteilung.

Mit dem Auftauchen von *Candelariella* im UG war auch fast stets mit anderen gegenüber Immissionen empfindlicheren Flechten zu rechnen. Für den Bereich des UG konnte daher diese Flechte als Zeigerart einer beginnenden artenreicheren epiphytischen Flechtenvegetation angesehen werden.

Der von Kirschbaum (1973) für die Region Untermain angegebene Toxitoleranzgrenzwert für *Candelariella* von 0,09 $mgSO_2/m^3$ dürfte für die Verhältnisse des UG als zu hoch gelten. Hier muß im Bereich des ersten Auftretens der Art mit 0,075 $mgSO_2/m^3$ gerechnet werden. (s. Tab. 17)

6.6. Vertikale Verteilung der Arten

Die Tatsache, daß die Stammbasis der Bäume im Mittel stärker besiedelt wird als die übrigen Teile, ist für Gebiete mit Immissionsbelastungen bekannt. Es seien daher nur thesenhaft die wichtigsten vermuteten Ursachen angeführt:

1. Höhere relative Luftfeuchtigkeit infolge geringerer Windgeschwindigkeiten, dadurch niedrigere Schadgasbeaufschlagung. Höhere Substratfeuchte wegen der längeren Durchfeuchtung (Jones, 1952).
2. Neutralisierungseffekt durch Staub; Besiedlung durch neutrophytische Arten möglich. (Beschel, 1958)
3. Die Basis ist im Gegensatz zum Mittelteil des Stammes einer geringeren Windgeschwindigkeit und Sonneneinstrahlung ausgesetzt (Ochsner, 1927).
4. In Senken und Einschnitten liegt die Schadstoffkonzentration niedriger (Gilbert, zit.; Hawksworth & Rose, 1970).

Unter Berücksichtigung der Ergebnisse von Geiger (1960) lassen sich die angeführten Erklärungen erweitern und, wie folgt, zusammenfassend darstellen: für den Bereich der Stammbasis bildet sich eine im Mittel kältere Bodenschicht aus (Bodeninversion), die durch Ausstrahlung, besonders nach Sonnenuntergang und im Winter, sowie durch Transpiration und Evaporation entsteht. Infolge der dadurch bedingten höheren relativen Luftfeuchtigkeit treten die Bedingungen für eine apparente Assimilation viel häufiger ein als in den darüber befindlichen Stammabschnitten. Eine stärkere Schädigung der Flechten auf Grund der höheren Feuchtigkeit ist insofern auszuschließen, als wegen der geringeren Windgeschwindigkeiten im bodennahen Raum dieser mit weniger Schadgasen beaufschlagt wird als die darüber befindlichen Bereiche.

Darüberhinaus muß der bislang wenig beachtete Zufluß frischer kälterer Luftmassen, der vor allem im bodennahen Bereich erfolgt, stärker berücksichtig wer-

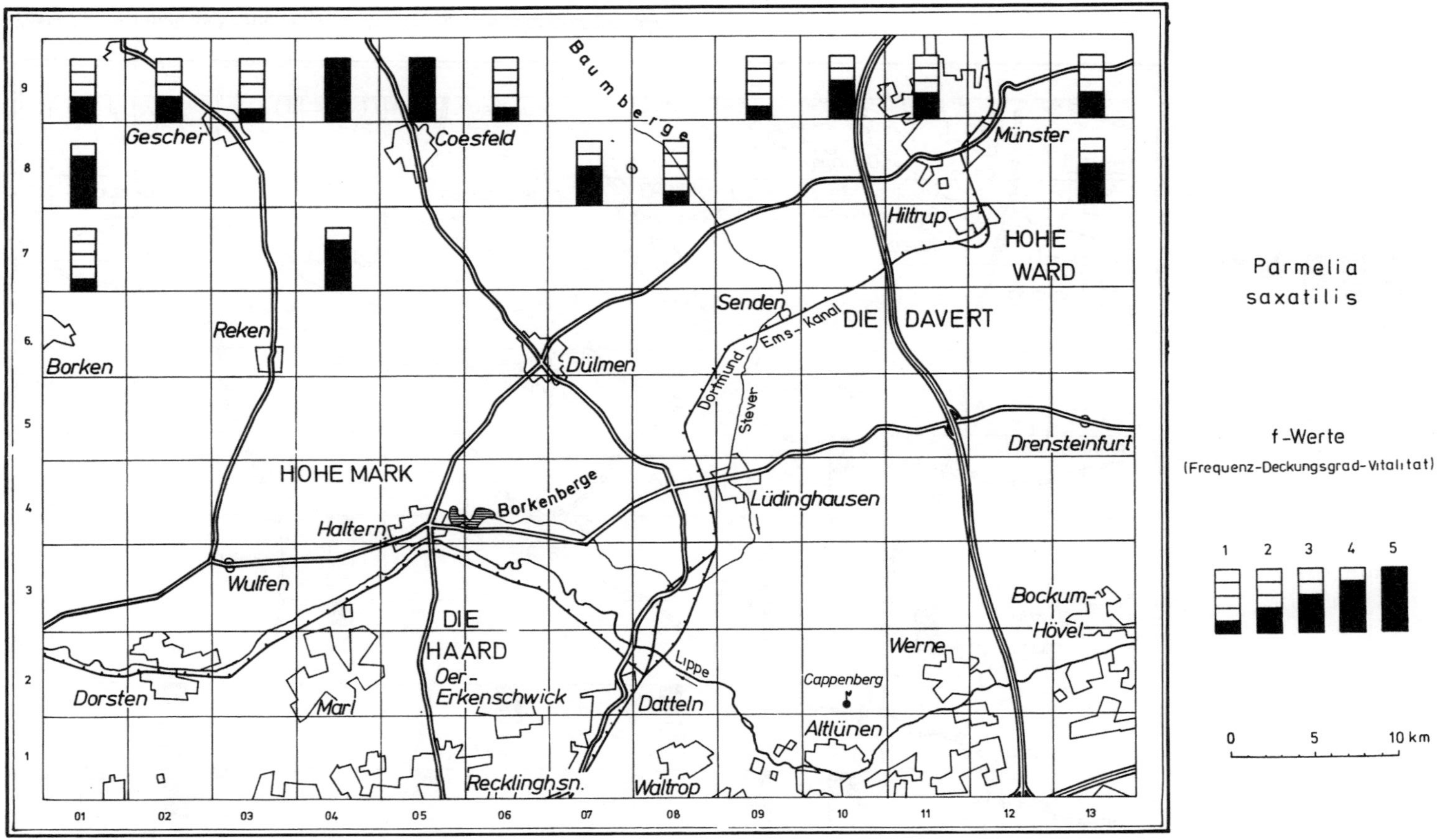

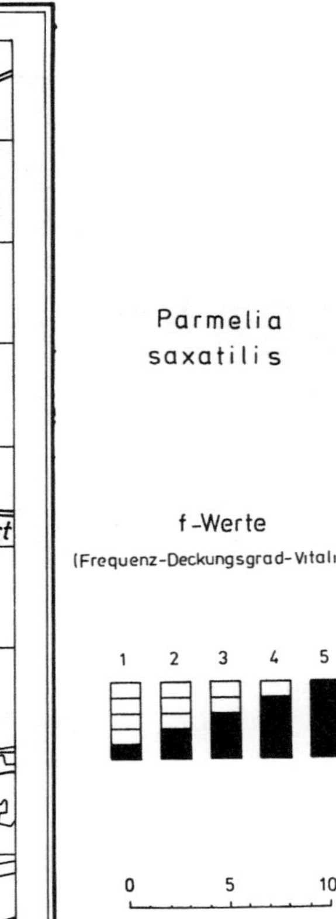

Karte 13. Räumliche Verteilung der f-Werte von *Parmelia saxatilis.*

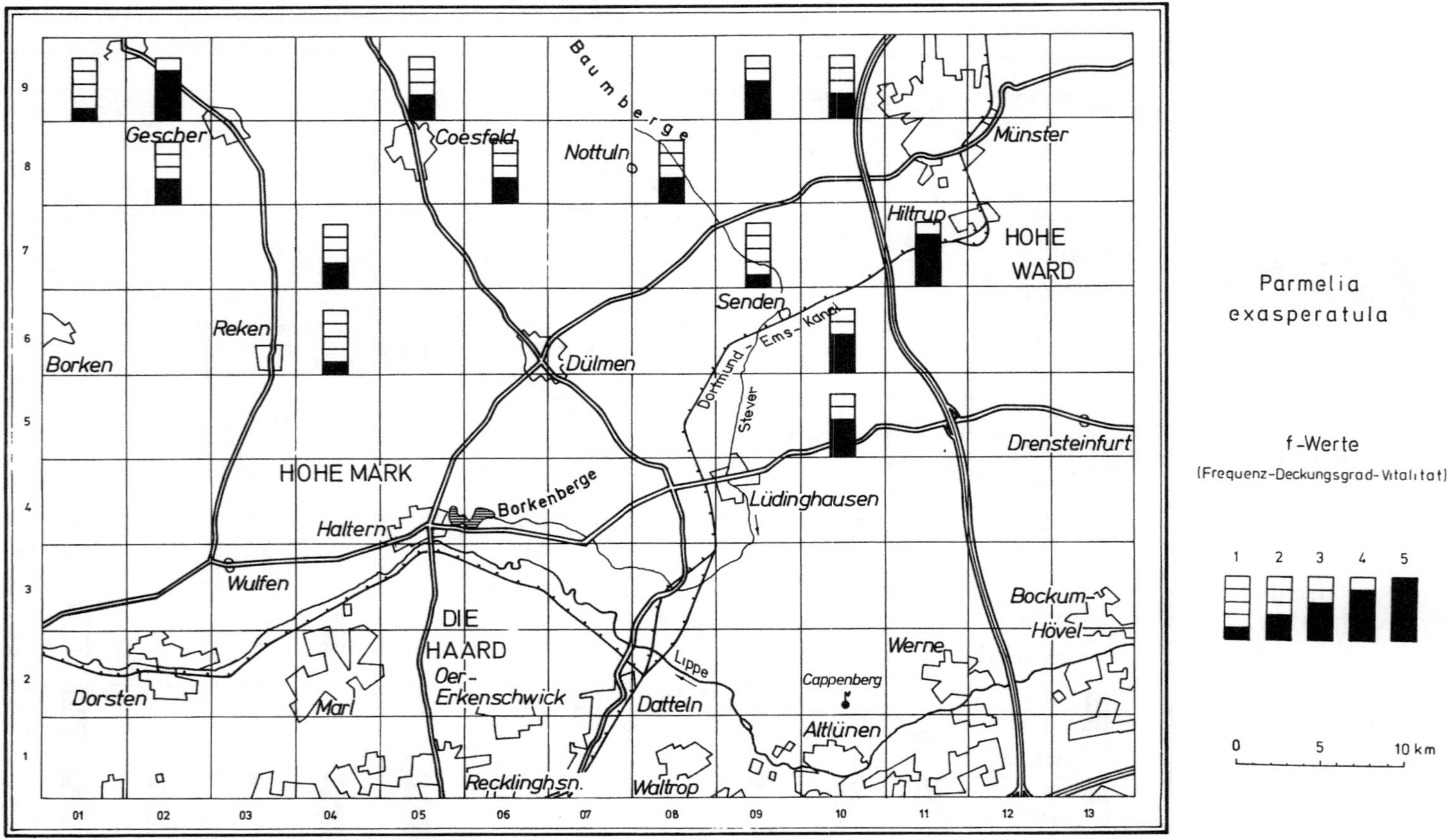

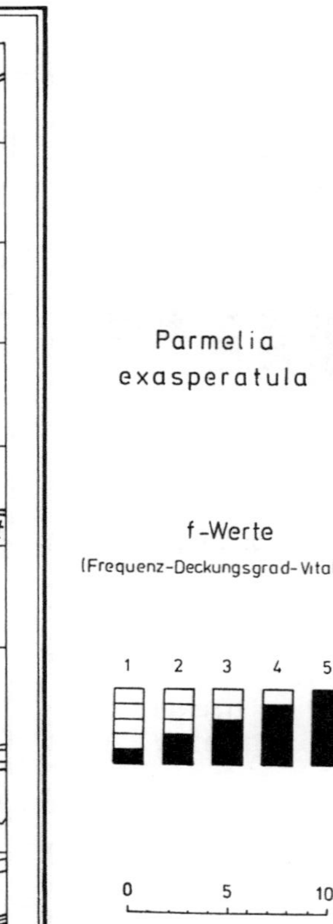

Karte 14. Räumliche Verteilung der f-Werte von *Parmelia exasperatula.*

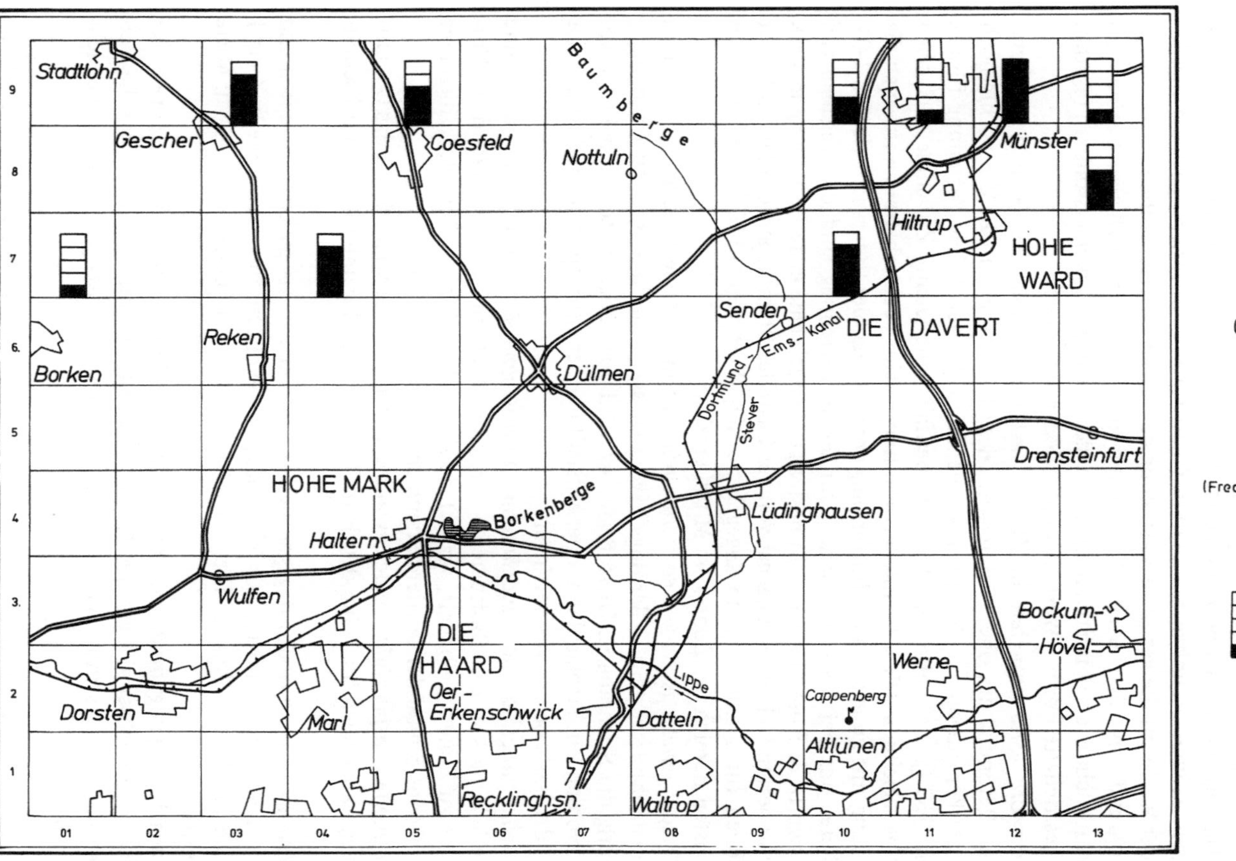

Karte 15. Räumliche Verteilung der f-Werte von *Cladonia* spec.

den. Diese Erscheinung, die besonders für Standorte in geneigtem Gelände zutrifft, kann erheblich zu einer Reinigung der Luft und zu einer Verdünnung der Schadgase beitragen.

Für den Bereich des UG sind von den 16 Flechtenarten, bedingt durch ihre Frequenz, nur 6 für eine Betrachtung der vertikalen Verteilung in Frage gekommen. Da neben der Frequenz zusätzlich die Datenmenge der Flechtenarten für die einzelnen Höhenabschnitte am Stamm (0,30-1,30 m) differieren, ist die Signifikanz der Werte für die vertikale Verteilung der Arten unterschiedlich.

Aufgrund des für die einzelnen Arten abweichenden vertikalen Beginns des Flechtenwuchses an den Stämmen lassen sich mehrere Typen aussondern (s. Abb. 8-10; gestrichelte Form = Werte über alle Zonen integriert):

1. *Lecanora varia* besiedelt in Zone 1 fast gleichmäßig den Stamm mit einer leichten Betonung des oberen Bereichs. Diese Erscheinung ist zu Zone 5 hin noch etwas stärker ausgeprägt. Nimmt man die Form der vertikalen Verteilung für das gesamte UG (gestrichelte Linie), so ist ebenfalls eine leichte Zunahme nach oben hin zu verzeichnen. Diese vertikale Anordnung bleibt auch erhalten, wenn man die Verteilung mit zunehmender Entfernung vom Ruhrgebiet untersucht (Zeilen 1-9). Mit dieser nur bei *Lecanora varia* gefundenen Verteilung sind die Angaben von Hawksworth & Rose (1970) nicht bestätigt, wonach eine erste Besiedlung in stark kontaminierten Gebieten zunächst von der Basis der Stämme aus erfolgen soll. Der von ihnen für solche Gebiete angegebene SO_2-Wert von 0,150 mg/m^3 wird im südlichsten Bereich der Zone 1 im Mittel erreicht.

2. *Physcia tenella* ist, wie *Lecanora varia*, schon in Zone 1 über den gesamten Stammabschnitt verteilt. Allerdings bevorzugt sie – im Gegensatz zu *Lecanora* – eindeutig die Stammbasis. Diese Präferenz wird auch noch in Zone 2 beibehalten. Nach Norden hin erfolgt dann eine Aufsiedlung der übrigen Bereiche, so daß der Anteil der Basis sich relativ verringert.

3. *Buellia punctata* und *Candelariella xanthostigma* sind zwei Arten, die für eine Erstbesiedlung klar den Basisbereich vorziehen. Während *Candelariella* diese Vorliebe bis zu Zone 5 beibehält, verliert sie sich bei *Buellia* mit Zone 4. In dieser als auch in Zone 5 wird der mittlere Stammabschnitt vorrangig besiedelt.

4. *Parmelia exasperatula* meidet zwar zunächst die untersten 10 cm, das Gesamtbild zeigt aber auch hier eine deutliche Bevorzugung der unteren Stammabschnitte.

5. *Hypogymnia physodes* dagegen beginnt als einzige Art gleichzeitig unten und oben am Stammabschnitt zu siedeln. Dies gilt sowohl für die Exemplare in Zone 1 als auch für die der Zone 2. Hier läßt sich sogar ein Zusammenwachsen zur Mitte hin verfolgen.

Auch bei *Hypogymnia* ist, ähnlich der Verteilung von *Buellia*, in Zone 5 der mittlere Stammabschnitt am dichtesten besiedelt. Nimmt man auch hier die Verteilung über das gesamte UG, so bleibt eine leichte Bevorzugung des Basisbereichs bestehen.

Auf eine Gemeinsamkeit in der vertikalen Verteilung der Arten soll noch hinge-

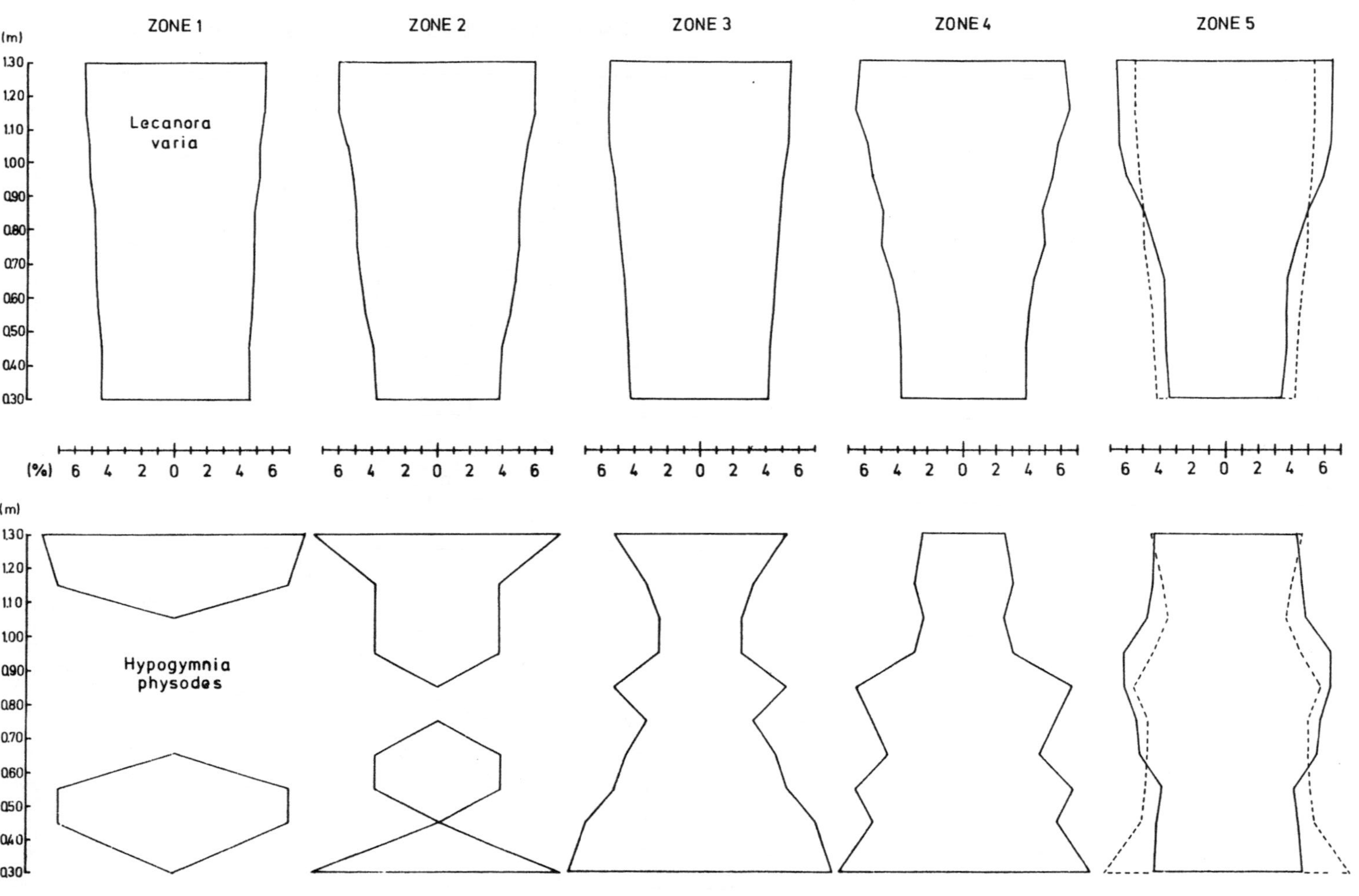

Abb. 8. Vertikale Verteilung am Stamm: *Lecanora varia; Hypogymnia physodes.*

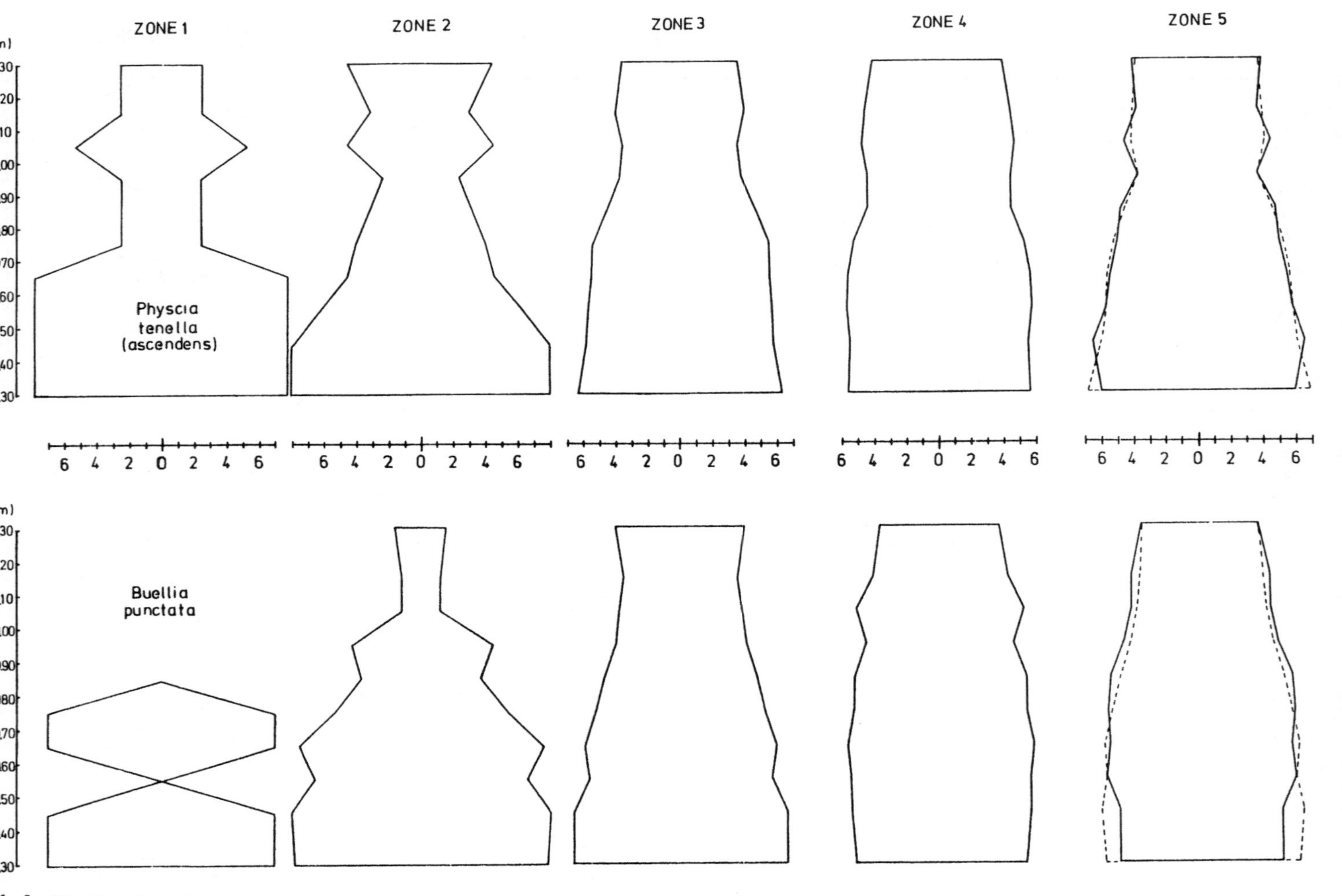

Abb. 9. Vertikale Verteilung am Stamm: *Physcia tenella; Buellia punctata.*

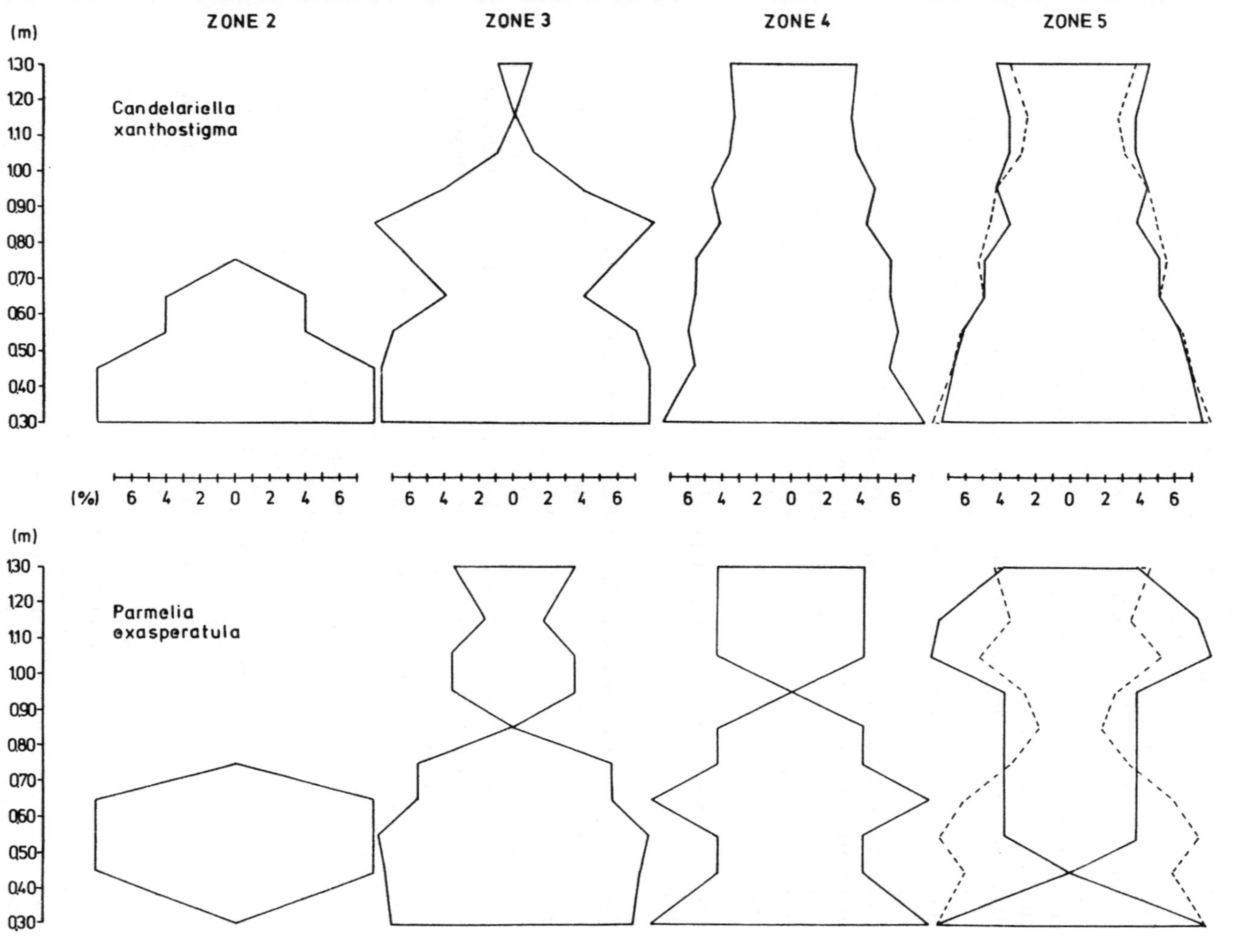

Abb. 10. Vertikale Verteilung am Stamm: *Candelariella xantho.; Parmelia exasperatula.*

wiesen werden. Sowohl zonal, als auch für das gesamte UG bemerkt man für den Stammabschnitt 0,90-1,20 m einen leichten, aber deutlichen Einschnitt. Die Werte für diesen Bereich fallen im Durchschnitt niedriger aus.

Insgesamt gesehen und unter Berücksichtigung der nicht extra aufgeführten Arten kann eine Präferenz der Basis verzeichnet werden. Aus dieser zonenweisen Darstellung darf aber nicht generell abgeleitet werden, daß der untere Stammabschnitt stets für eine Erstbesiedlung vorgezogen wird. Detailuntersuchungen innerhalb der Zone 1 haben nämlich signifikante Abweichungen ergeben. So siedelt *Hypogymnia physodes* nicht, wie aus der Abb. 8 ersichtlich wird, unten und oben am Stamm gleichzeitig, sondern sie wurde zunächst oben in Station 2.11, und darauf erst unten in der nördlich davon gelegenen Station 4.10 kartiert.

Für *Buellia punctata*, nach Abb. 9 unten und in der Mitte gleichzeitig siedelnd gilt, daß sie zunächst in Station 2.02 in der unteren Mitte und danach erst in Station 4.03 an der Basis anzutreffen ist. Das Vorkommen in Zeile 3 scheidet aus dieser Betrachtung aus, da die Station gegenüber den beiden anderen sehr weit nach Osten versetzt ist und schon in Zone 2 liegt.

Wenn also oben von der Präferenz der Basis gesprochen wird, so haben dazu auch jene Flechten beigetragen, die in weiterer Entfernung vom Ruhrgebiet erstmalig siedeln.

6.7. Beziehungen zwischen topographischer Lage der Stationen und ihren IAP-Werten

Da in einem Flachland schon geringe Höhenunterschiede sich vergleichsweise stark auswirken, soll im folgenden ihr eventueller Einfluß auf die Flechtenvegetation erörtert werden. Liegt im UG auch eine maximale Reliefenergie von 130 m vor, so darf man doch nur von einer mittleren Höhendifferenz von 35 m ausgehen. Ein Vergleich der Profillinien mit den IAP-Kurven (Abb. 11) macht eine Divergenz zwischen Höhenlage und IAP-Werten deutlich. So weisen die höchst gelegenen Stationen (165 m und 150 m) IAP-Werte von lediglich 66 bzw. 90 auf, während umgekehrt die höchsten Luftreinheitsindices für Gebiete von 90 m (IAP 287) und 70 m (IAP 227) Höhe registriert wurden.

Um ein schnelles Vergleichen der Höhenlage der Stationen mit den dazugehörigen IAP-Werten sowie mit dem Abstand der Stationen vom Ruhrgebiet zu ermöglichen, sind in Tab. 15 die Stationen innerhalb der einzelnen Höhenabschnitte nach steigenden IAP-Werten angeordnet. Die Entfernung der Stationen ergibt sich aus der ersten Ziffer der Stationsnummer (mit 5 multipliziert = Entfernung in km). Im allgemeinen läßt sich für die Höhenabschnite feststellen, daß Stationen mit IAP = 0 in ruhrgebietsnahen Regionen, vor allem in der Lippezone, liegen. Dies gilt besonders für die Stationen in 35 m-55 m Höhe. Darüberhinaus aber, und dies ist für die Relation Höhenlage und IAP-Wert von Relevanz, trifft dies auch für einige Stationen in Höhen von 80 m, 100 m und 150 m zu. Hieran zeigt sich schon eine Inkongruenz von IAP-Werten und Höhenlage der Stationen. Dies wird weiterhin untermauert durch einen Vergleich der IAP-Werte innerhalb einzelner Höhenabschnitte mit den Stationsnummern. Daran dokumentiert sich deutlich ein lineares Verhältnis von IAP-Werten und Entfernung der entsprechenden Stationen vom Emissionsgebiet (Ruhrgebiet) und ein indifferentes von IAP-Werten und Höhenlage der Stationen.

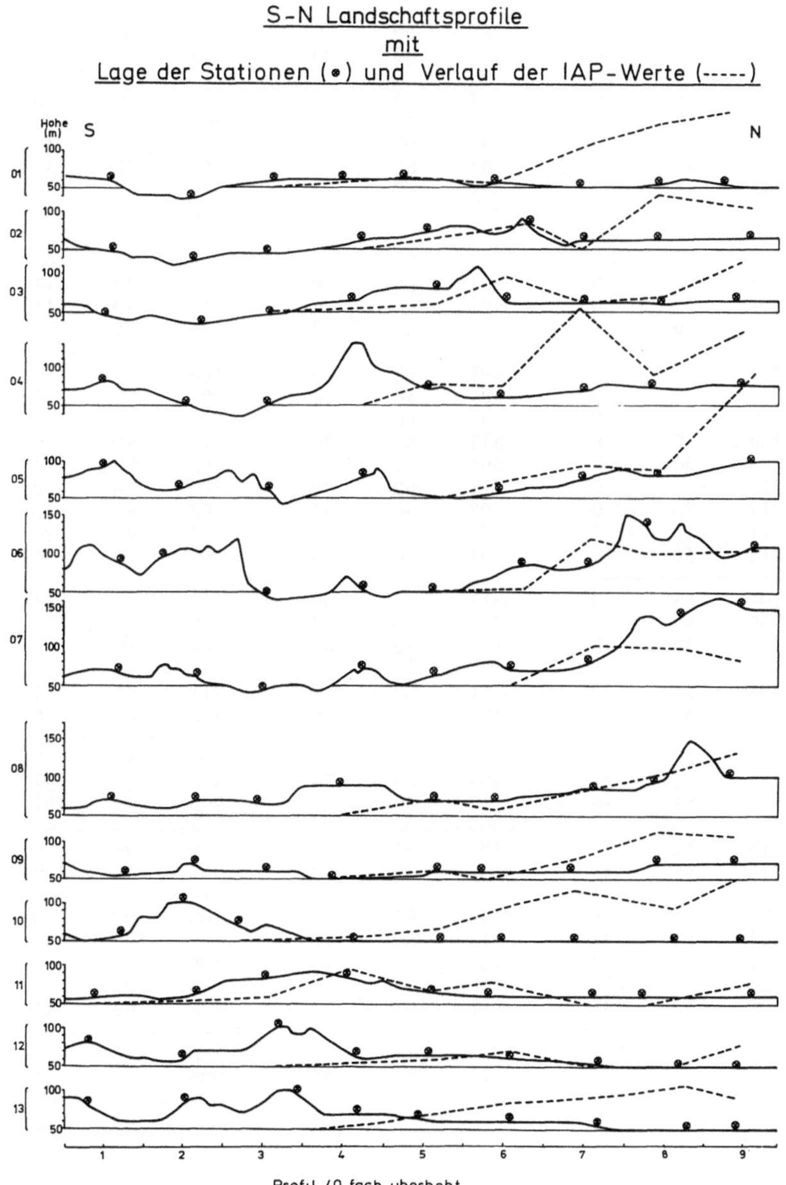

Abb. 11. Süd-Nord Landschaftsprofile mit Lage der Stationen und Verlauf der IAP-Werte.

Tab. 15. IAP-Werte, geordnet nach der Höhe (in m) über NN

Station	Höhe	IAP	Station	Höhe	IAP	Station	Höhe	IAP
202	35	0	110	60	0	108	70	0
203	35	0	111	60	0	212	70	0
202	35	6	113	60	0	310	70	0
304	40	0	205	60	0	607	70	0
305	40	0	209	60	0	412	70	6
102	45	0	308	60	0	413	70	6
201	45	0	309	60	0	502	70	18
204	45	0	407	60	0	504	70	43
207	45	0	507	60	0	602	70	60
301	45	0	609	60	0	708	70	67
307	45	0	702	60	0	804	70	68
103	50	0	711	60	0	909	70	102
109	50	0	401	60	6	903	70	114
204	50	0	403	60	6	910	70	145
207	50	0	410	60	6	704	70	227
303	50	0	608	60	12	104	80	0
306	50	0	509	60	18	106	80	0
406	50	0	501	60	24	503	80	0
409	50	0	513	60	30	211	80	6
506	50	0	605	60	36	606	80	7
811	50	0	711	60	36	503	80	18
812	50	0	508	60	37	705	80	78
911	50	0	709	60	43	411	80	84
912	50	50	604	60	44	707	80	94
207	55	0	611	60	49	809	80	104
208	55	0	911	60	50	706	80	125
213	55	0	613	60	66	904	80	171
304	55	0	711	60	69	311	85	18
712	55	0	810	60	80	805	85	36
601	55	12	610	60	82	805	90	71
713	55	12	603	60	84	808	90	94
612	55	36	710	60	121	905	90	287
913	55	73	101	65	0	210	95	0
713	55	78	107	65	0	908	95	138
701	55	96	402	65	0	206	100	0
902	55	98	512	65	13	405	100	0
813	55	102	703	65	18	408	100	0
802	55	129	510	65	24	405	100	31
801	55	146	511	65	31	808	100	92
901	55	175	803	65	36	105	100	0
			510	65	81	906	105	104
						807	140	90
						806	150	90
						907	165	66

Neben der Entfernung vom Emissionsgebiet spielt für die Höhe der IAP-Werte ein bis jetzt in der Literatur wenig beachtetes Phänomen, nämlich die topographische Lage der Stationen, eine große Rolle. Auffallend ist, daß Stationen auf der Leeseite von Hängen sehr oft höhere IAP-Indizes aufweisen, als solche der windoffenen Seite. Als Ursache hierfür dürfte die geschütztere Lage anzuführen sein. Dieser *Lee-Effekt* wird von allem deutlich an den Werten der Stationen nördlich der Hohen Mark sowie der Schichtstufe bei Cappenberg. Dort schnellen aufgrund der geschützten Lage „hinter" den Erhebungen die Werte gegenüber denen der davorliegenden Stationen sichtbar in die Höhe. Dagegen wirkt sich dieser Lee-Effekt bei den Erhebungen der Haard, der Borkenberge sowie des Vestischen Höhenrückens nicht aus. Im Bereich der engeren industrialisierten Lippezone haben also weder die Höhenlage der Stationen noch der Lee-Effekt einen günstigen Einfluß auf die IAP-Werte der Stationen.

Diese Beobachtung unterstreicht ganz deutlich das Ausmaß der Schadstoffbelastung, wie dies auch aus der durchschnittlichen SO_2-Belastung von 0,16 $mgSO_2/m^3$ (Karte 2) ersichtlich wird.

6.8. Der pH-Wert der Rinde und sein Einfluß auf die Flechtenverbreitung

Wenn zwar noch divergierende Ansichten darüber herrschen, ob der pH-Wert der Baumborke als Indikator für Luftverunreinigung verwendet werden kann, so zeigt doch eine Reihe von Untersuchungen eine signifikante Übereinstimmung zwischen dem Grad der Luftverunreinigung und der Höhe des pH-Wertes der Baumborke (Skye, 1968; Lötschert & Köhm, 1973; Grodzinska, 1971). Der Widerspruch in den Ergebnissen der Untersuchungen scheint vor allem darin begründet zu liegen, daß die mittels unterschiedlicher Verfahren gewonnenen Werte miteinander verglichen wurden. So wirkt sich die Entnahmetiefe und die Größe der Borkenprobe modifizierend aus (Lötschert & Köhm, 1973; Grodzinska, 1971); desgleichen unterschiedlicher Chemismus des Bodens, auf dem die Bäume wachsen (Ernst, 1972, mdl. Mitt.). Trümpener (1926) und Beschel (1958) stellten variierende pH-Werte an verschiedenen Baumarten und unterschiedlicher Stammhöhe fest.

Um diese Fehlerquellen auszuschalten, sind für die Untersuchung folgende Normen eingehalten worden:

- Die Entnahme der Probe erfolgte stets auf der SW-exponierten Seite des Stammes in 1,30 m Höhe.
- Es wurden nur einer einzigen Baumart (*Malus domestica*) Proben entnommen.
- Die Rindenstücke waren stets kleiner als 20 cm^2.
- Für die Bestimmung ist nur die äußerste Schicht der Borke mit den Verunreinigungen verwendet worden.

Die Messung erfolgte in Anlehnung an das von Grodzinska (1971) beschriebene Verfahren.

Aus der Verteilung der pH-Werte wird ersichtlich, daß sie im allgemeinen mit der Entfernung vom Ruhrgebiet ansteigen. Dementsprechend liegt auch der höchste Wert pH 5,8 in einer Station der Zone 5, desgleichen verteilen sich die nächst

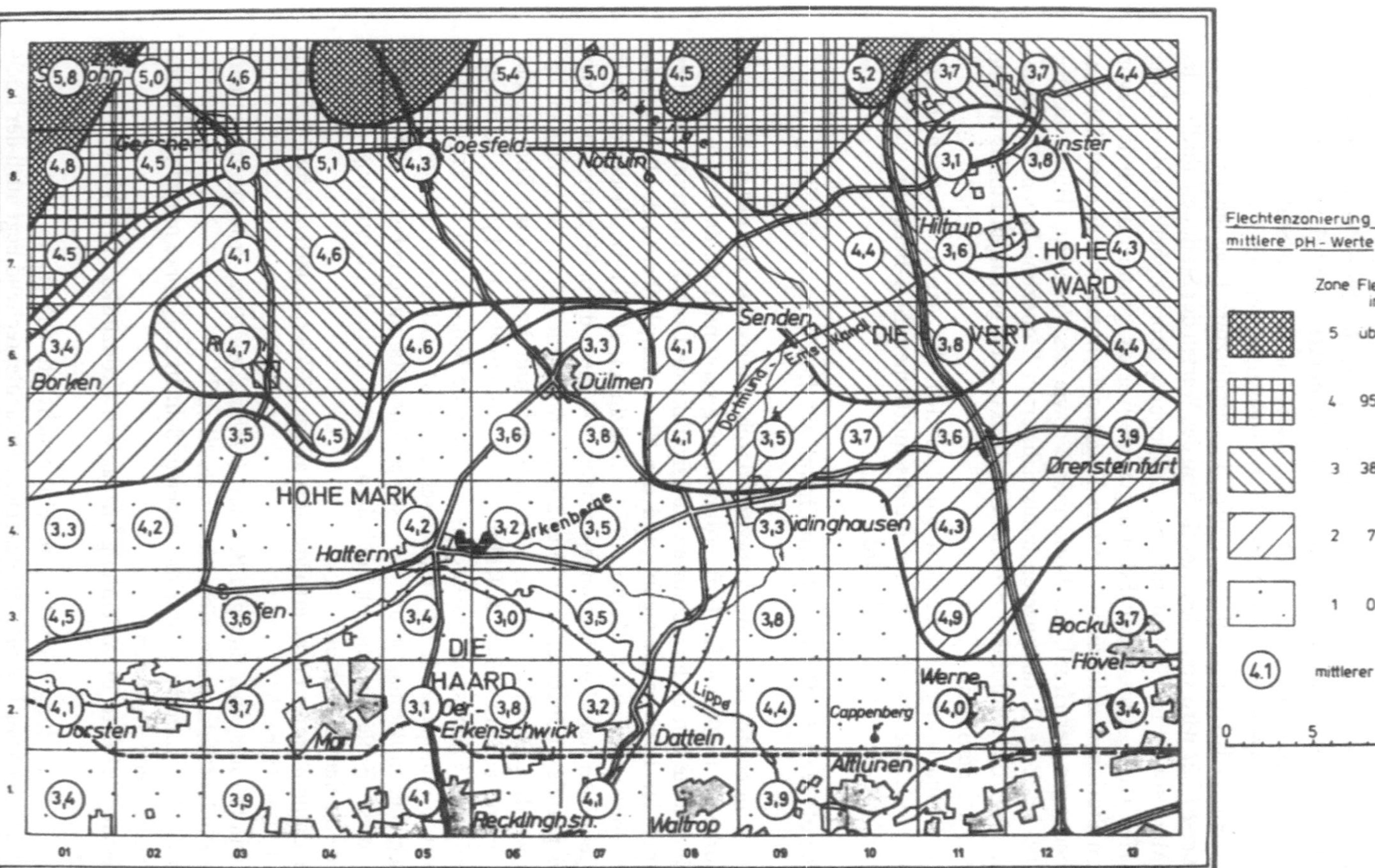

Karte 16. Flechtenzonierung und pH-Werte.

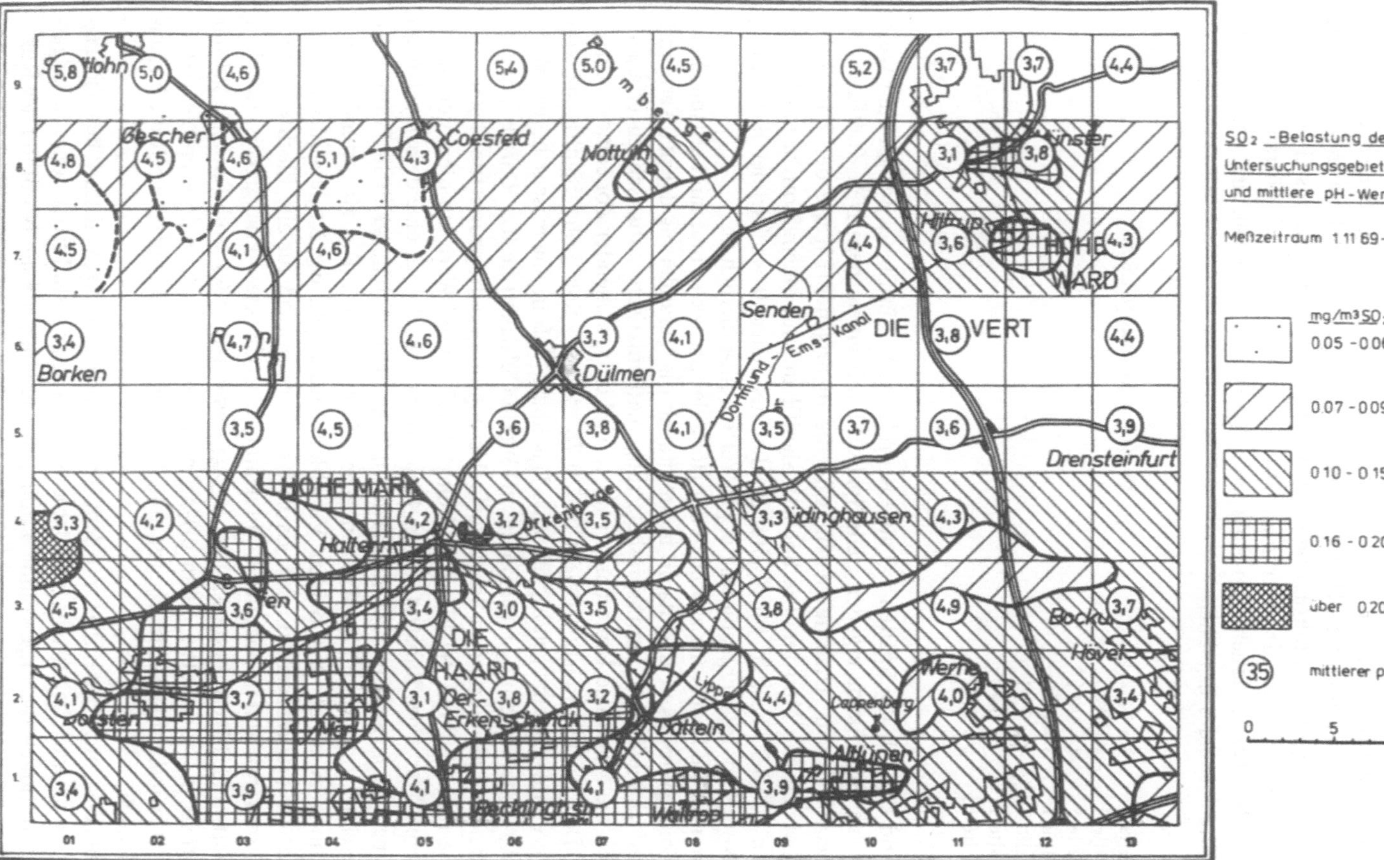

Karte 17. SO_2-Belastung des Untersuchungsgebietes und mittlere pH-Werte.

niedrigeren Werte auf Stationen der Zonen 5 und 4. Verfolgt man nun spaltenweise die Veränderung der pH-Werte von S nach N, so läßt sich zwar ein Anstieg, aber auch eine gewisse Fluktuation der Werte konstatieren. Eine aus diesem Grund veranlaßte Korrelation der Merkmale Höhe der pH-Werte und Abstand der entsprechenden Teststationen zum Ruhrgebiet (jeweiliger Zeilenabstand der Station) erbrachte folgendes Ergebnis:

Spalte 1	r = 0,62	r = Korrelationskoeffizient
Spalte 3	r = 0,86	
Spalte 5	r = 0,65	
Spalte 7	r = 0,67	
Spalte 9	r = 0,61	
Spalte 11	r = 0,70	
Spalte 13	r = 0,92	

Während sich für die Spalten 1-9 gute Korrelationen, für Spalte 3 sogar ein r-Wert mit hoher Signifikanz ergaben, fällt Spalte 11 mit einem negativen Koeffizienten aus dem Rahmen. Ursache hierfür sind die niedrigen pH-Werte der Zone 1 im Stadtbereich von Münster. Die höchste Signifikanz mit einem Korrelationskoeffizienten r = 0,92 besteht für Spalte 13. Hier nehmen mit wachsender Entfernung vom Nordrand des Ruhrgebietes die pH-Werte kontinuierlich zu.

Um nun die Beziehung zwischen der Höhe der pH-Werte und ihrer entsprechenden Zonengehörigkeit und damit indirekt auch die Veränderung der pH-Werte mit der unterschiedlichen Immissionsbelastung mathematisch statistisch zu erfassen, wurden die Merkmale Höhe der pH-Werte und entsprechender Zonenindex korreliert. Der Korrelationskoeffizient r = 0,78 drückt eine hohe Signifikanz von pH-Wert und Zonenzugehörigkeit aus. Das heißt, daß in einem sehr hohen Maße die IAP-Zoneneinteilung auch für die pH-Werte Gültigkeit besitzt. Daraus läßt sich ableiten, daß pH-Werte und Schadstoffbelastung umgekehrt proportional sind.

Wie reagieren nun die Flechten, belegt durch ihren f-Wert, auf die unterschiedlichen pH-Werte des Substrats? Von 4 Flechtenarten, die für eine derartige Untersuchung ausreichend im UG vertreten sind, ist diese Abhängigkeit in Form einer Regression von pH- und f-Wert in Abb. 12 dargestellt. Die Haupttendenz der Beziehung zwischen den beiden Variablen wird durch die Regressionsgrade repräsentiert (ausgezogene Linie). Es ist zu erkennen, daß für alle Flechten, wenn auch zwar mit unterschiedlicher Intensität, eine direkte Abhängigkeit zwischen pH-Wert und f-Wert besteht. Für *Hypogymnia physodes* und *Parmelia sulcata* entspricht die Linie etwa deren pH-Anspruch als schwach acidophytische Arten. *Physcia tenella* überrascht dagegen mit ihrer relativ weiten pH-Amplitude im sauren Bereich.

Zunächst nicht vereinbar mit dem Trend der pH-Werte, von stark beaufschlagten nach schwach beaufschlagten Gebieten anzusteigen, sind trotz hoher Schadgaskonzentrationen die ungewöhnlich hohen Werte von pH 4 am Nordrand des Ruhrgebietes. Die Ursache hierfür dürfte in einer Imprägnation der Borke mit basi-

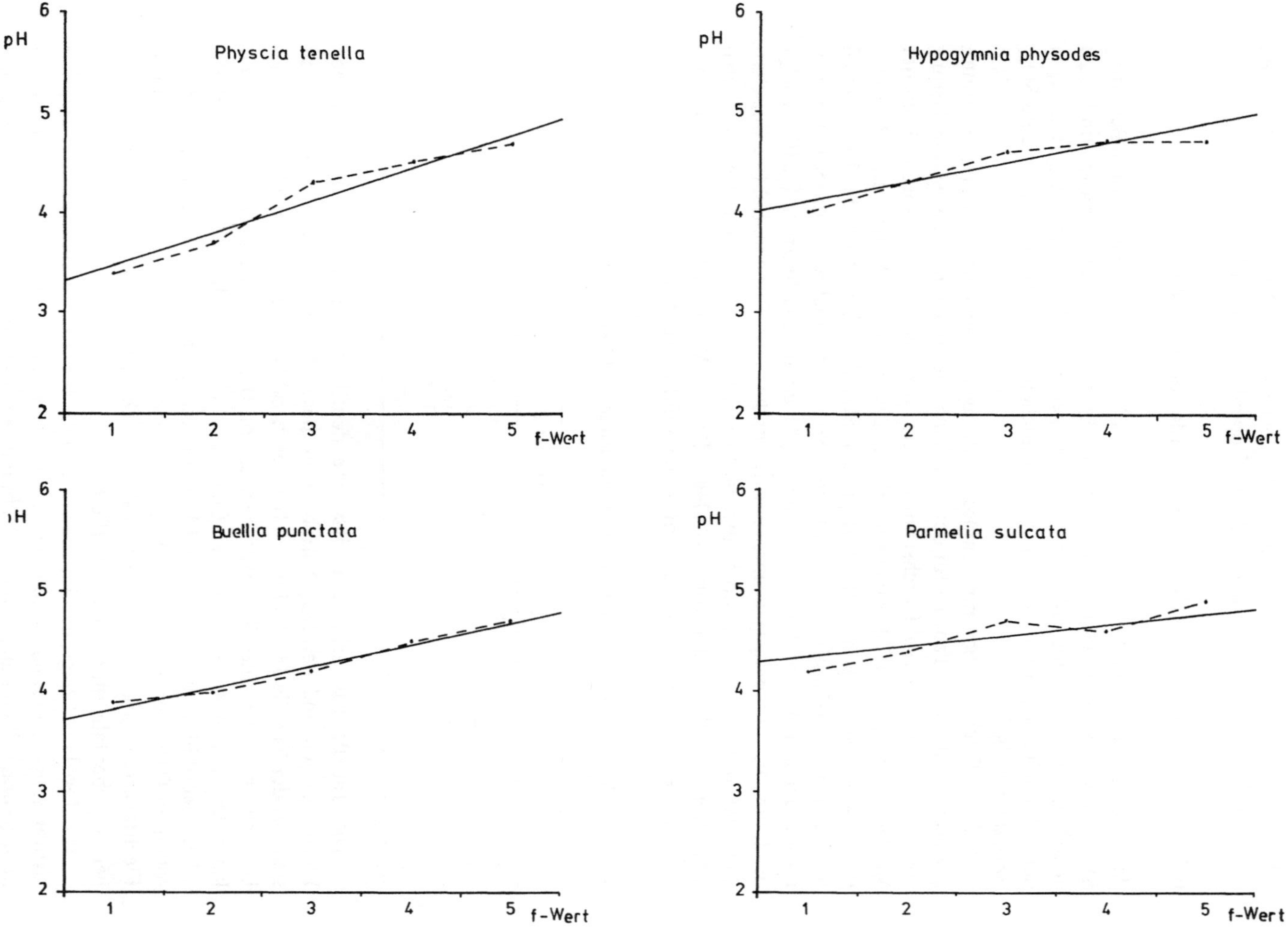

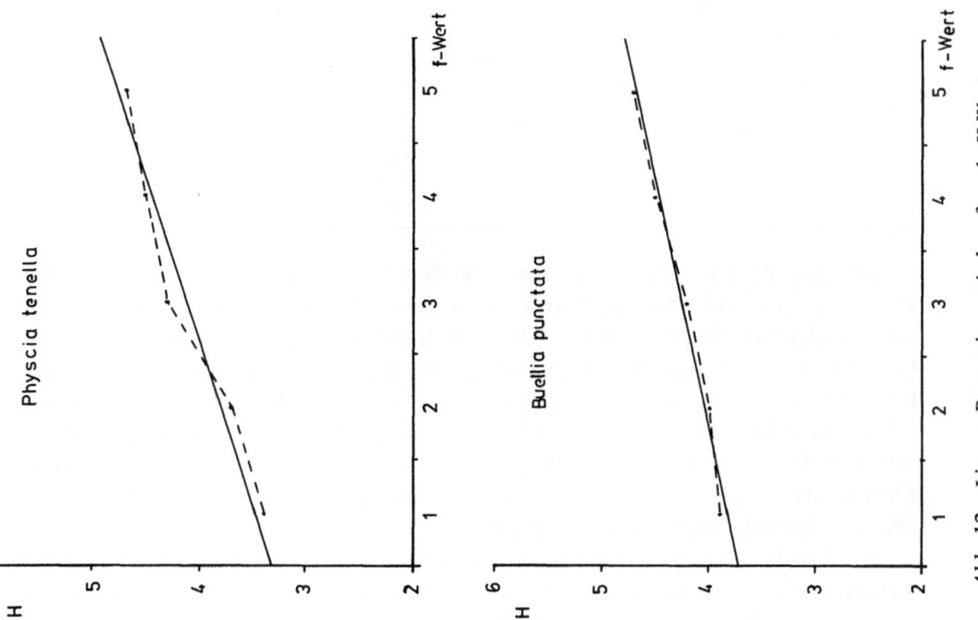

Abb. 12. Lineare Regression zwischen f- und pH Werten.

schem Staub liegen. Ein ähnlicher Effekt bei sich gleichenden Voraussetzungen wird von Johnson & Søchting (1973) aus Kopenhagen beschrieben.

6.9. SO_2-Toleranz der Flechtenarten im Untersuchungsgebiet

Auf Grund der in den vergangenen Jahren erfolgten Änderung der SO_2-Belastung ist es schwierig, Toxitoleranzgrenzwerte für die einzelnen Flechtenarten im UG zu erstellen. Hinzu kommt, daß für den wichtigen Bereich der Übergangszone 2, in der zahlreiche Arten zum ersten Mal auftauchen, keine Angaben über eine SO_2-Belastung vorliegen.

Da die Flechten die Immissionseinwirkungen über einen längeren Zeitraum anzeigen, sind die in Tab. 16 für den Vergleich Flechtenzonen und SO_2-Belastung angegebenen SO_2-Daten Durchschnittswerte, die sich aus den Mittelwerten der Meßjahre 1969/70/71/72 errechnen. Die Beachtung eines derart weiten Meßzeitraums war deshalb notwendig, weil in der SO_2-Beaufschlagung des UG regional und zeitlich starke Differenzen auftraten. So war beispielsweise die SO_2-Konzentration der Zonen 3 und 4 im Meßjahr 70/71 um durchschnittlich 0,010 $mgSO_2/m^3$ höher als im vorangegangenen und folgenden Jahr. Für eine richtige Einschätzung der Werte muß aber noch angemerkt werden, daß für die einzelnen Zonen eine unterschiedliche Zahl von SO_2-Meßstellen zur Verfügung stand. Zone 5 konnte sogar wegen fehlender Werte nicht berücksichtigt werden.

Tab. 16. Abhängigkeit der Flechtenzonen von den SO_2-Mittelwerten (Meßzeit 1969-1972)

Zone	SO_2-Mittelwert (mg/m^3)
1	0,116
2	0,094
3	0,076
4	0,060
5	–

Die Tabelle läßt erkennen, daß eine deutliche Abhängigkeit zwischen den Flechtenzonen und den SO_2-Mittelwerten dieser Zonen bestehen. Weiterhin läßt sich aus der Tabelle 16 ableiten, daß die Mehrzahl der epiphytischen Flechten des UG erst unterhalb eines SO_2-Mittelwertes von 0,095-0,100 $mgSO_2/m^3$ existieren kann. Da diese Mittelwerte zonalen Charakter haben und deshalb nicht der spezifischen Sensibilität der einzelnen Flechtenarten gegenüber SO_2 gerecht werden, sollen im folgenden an Hand der SO_2-Meßwerte Toxitoleranzgrenzwerte für einige Flechtenarten aufgestellt werden (Tab. 17). Die angegebenen SO_2-Werte errechnen sich ebenfalls für die Meßzeit 1969-72.

Die Tabelle 17 zeigt, daß im allgemeinen die f-Werte mit abnehmender SO_2-Belastung steigen. Besonders deutlich ist dies bei *Physcia tenella* und *Buellia punctata* ausgeprägt. Wenn auch einige Flechtenarten, wie *Physcia tenella Buellia punctata, Hypogymnia physodes* und *Parmelia sulcata* schon bei einer SO_2-Konzentra-

Tab. 17. SO_2-Empfindlichkeit und f-Werte einiger epiphytischer Flechten des UG

Flechte	SO_2 (mg/m³) 0,11	0,10	0,095	0,090	0,085	0,080	0,075	0,070	0,065	0,060	0,055	Station	IAP
	1											4.01	6
Physcia		2										5.01	24
tenella				3								5.02	18
							4					7.08	67
									5			4.11	94
		1										4.03	6
Buellia		2										5.01	24
punctata			3									3.11	18
							4					7.08	67
									5			8.01	146
		1										2.11	6
Hypogym.								2				7.07	94
physodes									3			8.05	71
										4		7.06	165
											5	9.05	287
		1										5.11	31
Parmel.									2			8.05	71
sulcata									3			7.04	237
										4		9.02	129
							2					7.09	43
Parmel.								3				7.07	94
exasper.											4	9.06	104
							1					7.08	67
								2				7.13	78
									3			8.01	146
Candel.										4		8.02	129
xantho.									5			8.09	110
											1	7.01	96
Parmel.									3			8.07	90
saxat.									4			7.04	237
											1	7.01	96
Cladonia									3			8.13	102
spec.									4			7.04	237
Platism. glauca										3		7.06	165
Evernia									1			8.10	80
prun.											2	8.02	129
Lecanora subfusca									3			7.04	237
Xanthor.										1		8,02	129
parietina										1		9.01	175

tion von 0,10 $mgSO_2/m^3$ existieren können, liegt die Verträglichkeitsgrenze der meisten Flechten des UG doch unterhalb 0,070 $mgSO_2/m^3$. Weisen auch bei diesem Schwellenwert (0,070 $mgSO_2/m^3$) z.B. *Candelariella xanthostigma* und *Parmelia exasperatula* noch f-Werte von 2 und 3 auf, so dürfte diese Konzentration für *Evernia prunastri* und – überraschend – auch für *Xanthoria parietina* schon letal sein.

Der für die Flechtenarten kritische Grenzbereich von 0,10 $mgSO_2/m^3$ wird durch die SO_2-Messungen im UG nicht ausgewiesen. Nimmt man nun die Verbreitung von *Buellia punctata, Hypogymnia physodes* und *Physcia tenella*, deren Toxitoleranzgrenzwert erfahrungsgemäß bei 0,09-0,10 $mgSO_2/m^3$ liegt, so müßte die 0,10 $mgSO_2/m^3$ Isolinie im Übergangsbereich der Zone 1 zu 2 verlaufen. Für diesen Bereich belegt *Hypogymnia physodes* mit f-Wert 1 ihre guten Indikatoreigenschaften. Allerdings – und dies schränkt ihre sonst so guten Eigenschaften etwas ein – verbleibt für den weiten Konzentrationsbereich von 0,095 bis 0,075 $mgSO_2/m^3$ der f-Wert 1 konstant. Erst ab 0,070 $mgSO_2/m^3$ erhöhen sich dann die f-Werte stetig. Noch ausgeprägter gilt diese Erscheinung für Parmelia sulcata.

Im Gegensatz zu allen übrigen Flechten sind Verbreitung und f-Werte von *Lecanora varia* ganz anders zu interpretieren. Diese Flechte ist, wie dies auch schon andere Autoren bestätigten, die bei weitem toxitoleranteste Art des UG. Sie gedeiht noch gut bei 0,13 $mgSO_2/m^3$ (f = 3) und hat ihr Optimum bei 0,10 $mgSO_2/m^3$ (f = 5). Lediglich starker Staubflug kann sie in ihren f-Werten reduzieren.

7. DISKUSSION

Der nach der Kartierung von Lahm (1885) feststellbare erhebliche Rückgang der Flechten im Untersuchungsgebiet läßt sich nur zum Teil mit der allgemein beobachteten Verarmung der Epiphytenvegetation in Mittelauropa erklären. Es müssen demnach weitere Faktoren als einschränkend berücksichtigt werden, besonders auch im Hinblick auf die zonenunterschiedliche Frequenz der Flechtenarten.

Die Luftfeuchtigkeit kann nicht als begrenzender Faktor gelten. Im Gegensatz zu den niedrigen Werten im Innern der Städte muß sie in dem ländlich ausgeprägten UG als hoch angesehen werden. Mit Durchschnittswerten von 80%, selbst in den Randgebieten des Ruhrgebiets, bietet sie den Flechten optimale Wuchsbedingungen. Wenn an Testbäumen, die direkt am Kanal stehen, wie in der Station 2.07, lediglich die toxitolerante *Lecanora varia* auftritt, so kann wohl kaum die Luftfeuchtigkeit als limitierend angesehen werden. Außerdem zeigt sich an dem hohen IAP-Wert der Station 9.05, wie günstig sich hohe relative Luftfeuchtigkeit für die Entwicklung einer reichen epiphytischen Flechtenvegetation auswirken kann. Da die relative Luftfeuchtigkeit im UG als einheitlich anzusehen ist, verursacht sie in beiden Fällen auch eine gleichmäßige Sensibilisierung der Flechten. Es müssen also im ersten Fall toxische Komponenten der Luft zu einer Degradation geführt haben. In industriellen und urbanen Ballungsräumen dagegen ist die relative Luftfeuchtigkeit niedrig, so daß nur selten die für eine apparente Assimilation nötige Luftfeuchtigkeit erreicht wird. Dies dürfte u.a. mit ein Faktor für die Flechtenarmut im Raum Münster (Zone 1) sein.

In ähnlicher Weise wie hohe relative Luftfeuchtigkeit wirkt der Nebel; er fördert über die Verlängerung der apparenten Assimilationszeit die Lebensbedingungen der Flechten. Andererseits erhöht sich in stark mit Immissionen beaufschlagten Gebieten jedoch unter seinem Einfluß deren schädigende Wirkung. Im Gegensatz zu länger anhaltenden Regen, während dem eine Reinigung der Luft und der benetzten Flechten von den Schadstoffen erfolgt, verbleiben diese bei Nebel auf dem Thallus. Beim Auflösen des Nebels kommt es dann wegen der einsetzenden Verdunstung zu einer Konzentrationssteigerung der in Lösung gegangenen Schadstoffe. Dieses Problem, das experimentell bekannt ist, hat bislang im Zusammenhang mit Flechtenkartierungen wenig Beachtung gefunden. Gerade die Kenntnis dieser lokalklimatischen Bedingung erweist sich aber für eine abgesicherte Erklärung der Flechtenverbreitung in Abhängigkeit von der Immissionsintensität als sehr wertvoll und bewahrt vor falschen Schlußfolgerungen.

Von der unterschiedlichen Niederschlagsverteilung im UG geht wohl kaum ein Einfluß auf die Flechtenverbreitung aus. In der westlichen, etwas stärker beregneten Region läßt sich weder eine positive noch eine negative Auswirkung gegenüber den übrigen Teilen des UG feststellen. Eventuell profitieren die im äußersten NW liegenden Stationen mit höheren IAP-Werten von dieser Beregnung. Ebenso könnten damit die niedrigen SO_2-Inseln in diesem Abschnitt eine Erklärung finden.

Da der pH-Wert des Substrats ein wichtiger öko-physiologischer Faktor der Flechten ist, wurde er durch die Wahl einer einzigen Porophytenart standardisiert. Wie die pH-Werte indes zeigen, divergieren sie im Kartierungsraum erheblich. Von Norden nach Süden nimmt die Azidität der Rinde zu. Eine derartige Abstufung kann nur von einer in entsprechender Richtung verlaufenden Konzentrationszunahme saurer Immissionen herrühren. Geht man in umgekehrter Richtung (von S nach N), so läßt sich an Hand einer Regression (Abb. 12) eine generelle Zunahme der f-Werte aller Flechten mit steigenden pH-Werten nachweisen. Es bleibt aber für eine Beurteilung des Flechtenvorkommens anzumerken, daß die pH-Werte des UG sich ausschließlich im schwachsauren bis sauren Milieu bewegen, obwohl die Baumborke von *Malus domestica* als neutral bekannt ist. Lediglich im äußersten NW wird an Station 9.01 mit pH 5,8 gerade noch der neutrale Bereich berührt.

Wenn also die bisher diskutierten Faktoren nicht ursächlich die Verbreitung der epiphytischen Flechten bestimmt haben, so müssen demnach fast ausschließlich Immissionen dafür verantwortlich gemacht werden.

Vergleicht man daraufhin die SO_2-Belastung der Jahre 1969/70/71 (s. Karten 2 und 3) mit den IAP-Werten, so stellt sich ein umgekehrtes Verhältnis heraus: mit fallenden SO_2-Werten steigen die IAP-Indices an. Deutlich schlägt sich dieses Verhältnis auch in einer Korrelation der spezifischen Schadstoffsensibilität der Flechten (ausgedrückt durch ihren f-Wert) mit der SO_2-Belastung des UG (ausgedrückt durch den Abstand der Stationen vom Ruhrgebiet) nieder. Die untersuchten Beispiele *Physcia tenella* $r = 0{,}52$, *Hypogymnia physodes* $r = 0{,}64$, *Parmelia sulcata* 0,69 und *Buellia punctata* $r = 0{,}75$ zeigen eine positive Abhängigkeit der beiden Variablen an. Unterschiedlich hoch ist aber deren Beziehung für die einzelnen Flechtenarten. *Physcia tenella* offenbart eine nur schwache Beziehung. Wie aus Karte 8 ersichtlich wird, lassen sich schon in verhältnismäßig geringer Entfernung vom Ruhrgebiet neben niedrigen auch bereits recht hohe f-Indices erkennen. Selbst in höheren Luftreinheitszonen bleibt dieses unterschiedliche Nebeneinander bestehen. Dagegen kann den drei übrigen Flechtenarten eine engere Beziehung auf Grund ihres Korrelationskoeffizienten nachgesagt werden. Hierbei überrascht allerdings, daß nicht *Hypogymnia physodes* sondern *Buellia punctata*, gefolgt von *Parmelia sulcata*, die engste Korrelation aufweist.

Physcia tenella verwundert weiterhin, indem sie nach *Lecanora varia* die toxitoleranteste Art des UG ist. Obwohl in ihrem pH-Anspruch ausgesprochen neutral und in ihrer SO_2-Verträglichkeit normalerweise hinter *Hypogymnia physodes* rangierend, findet man sie als einzige Art an der Station 4.01 mit einem SO_2-Spitzenwert von 0,11 $mgSO_2/m^3$ und niedrigem pH-Wert von 3,3. Wie der Tab. 17 zu entnehmen ist, gehören ihre f-Werte zu vergleichsweise höheren SO_2-Werten als die entsprechenden Indices von *Hypogymnia physodes.* Auf Grund der ökologischen Amplitude von *Physcia tenella* wäre eine umgekehrte Reihenfolge zu erwarten gewesen. Da letzteres Verbreitungsmuster typisch ist für SO_2-beaufschlagte Gebiete, hauptsächlich für urbane und industrielle Ballungsräume, könnten an der obigen Reihenfolge andere bzw. weitere Immissionskomponenten schuld sein. In Anlehnung an Kunze (1974), der bei Fluorimmissionen eine Umdrehung der SO_2-Reihenfolge der Flechten nachwies, vermutete Verfasser die gleiche Schadstoffkomponente auch im UG. Analysen von Fichtennadeln aus einem Teilbereich des UG (Areal 6.07, 7.07) erbrachten einen F-Gehalt von 24,3 ppm, 22,3 ppm und 19,8 ppm. Damit liegen die Konzentrationen deutlich über dem Normalgehalt von < 15 ppm. Ebenso ergaben die Thallusanalysen auf Pb und Cd signifikante Überhöhungen, lediglich die Werte von Zn bewegten sich im Toleranzbereich. Diese Analysenergebnisse machen also darauf aufmerksam, daß neben SO_2 vor allem mit HF und in starkem Maß auch mit Schwermetallen als Immissionskomponenten zu rechnen ist.

Bevor die Flechtenarten des UG hinsichtlich ihres Stellenwertes als Bioindikatoren für Lufthygienische Verhältnisse untersucht werden, sind die Eigenschaften, die sie als solche zu erfüllen haben, darzulegen. Sie sollen:

1. möglichst im UG weit verbreitet sein;
2. bei vielfältigem Schadstoffangebot stoffspezifisch reagieren;
3. keine zu enge Substratbindung aufweisen;
4. so reagieren, daß an ihrem Habitus der Grad der Schädigung ablesbar ist.

Bei diesen Vorbedingungen scheiden die meisten Flechten im UG aus, vor allem deshalb, weil sie an zu wenigen Stationen vorkommen. Aber auch *Lecanora varia*, obwohl an fast jeder Station vertreten, muß wegen ihrer großen Toxitoleranz eliminiert werden. In der engeren Wahl bleiben daraufhin noch *Hypogymnia physodes, Parmelia sulcata, Buellia punctata* und *Physcia tenella.*

Welches sind nun Kriterien, nach denen eine Klassifizierung der Flechten hinsichtlich einer Eignung als Bioindikatoren vorgenommen werden kann? Als ein Kriterium ist der f-Wert anzusehen. Er beschreibt die morphologische und physiologische Struktur der Flechtenart am besten. Ein weiterer Klassifizierungsfaktor ist die Anzahl der Flechtenarten mit denen die Flechte an einer Station vorkommt. Per definitionem stellt sie ein Maß der Luftreinheit dar (viele Flechtenarten – wenig Immissionen). Korreliert man nun die f-Werte mit der Anzahl der Flechtenarten/Station, so ergeben sich folgende Koeffizienten:

Hypogymnia physodes	0,64
Parmelia sulcata	0,58
Buellia punctata	0,49
Physcia tenella	0,29

Wie auch schon in anderen Untersuchungen festgestellt wurde, rangiert *Hypogymnia physodes* in der Reihenfolge der Eignung als Bioindikator vor *Parmelia sulcata* und *Buellia punctata.* Mit dem absolut niedrigsten Koeffizient, und damit als Indikatorart wenig geeignet, liegt *Physcia* abgeschlagen an letzter Stelle.

Diese Stufung sagt aber noch nichts über die spezifische Spannweite der Empfindlichkeit der Flechten gegenüber Immissionen aus. Da als Maß der Luftqualität der IAP-Wert eingeführt wurde, erreicht man eine solche Aussage mittels einer Korrelation von f-Werten und den IAP-Werten der entsprechenden Stationen. Für die 4 Flechtenarten errechnen sich folgende Koeffizienten:

Hypogymnia physodes	0,65
Parmelia sulcates	0,74
Buellia punctata	0,46
Physcia tenella	0,41

Die Werte besagen, daß den f-Werten von *Parmelia sulcata* ein viel engerer IAP-Wertebereich entspricht als denjenigen von *Hypogymnia physodes.* Letztere deckt, nach ihrem mittelhohen Korrelationskoeffizienten, einen größeren IAP-Bereich ab, so daß sie als Indikatorart geeigneter erscheint. Beide ergänzen sich aber in ihren Eigenschaften und qualifizieren sich als gutes „Bioindikatorenteam". Entschieden weniger geeignet als Indikatoren sind nach ihren Korrelationskoeffizienten *Buellia* und *Physcia*, da die zu den f-Werten gehörenden IAP-Werte sehr stark streuen. In Grenzfällen einer Schadstoffbeurteilung können dagegen auch sie in der Lage sein, wichtige Informationen für eine Klärung beizusteuern. Ähnliches gilt für die übrigen Flechtenarten des UG. In Kenntnis ihrer ökologischen Varianz ist man sehr wohl in der Lage, den Grad der Schadstoffbelastung zu beurteilen. So kann man beispielsweise beim Auftauchen der Strauchflechte *Evernia prunastri* auf niedrige Immissionsbelastung schließen. Wie vorsichtig aber dabei diese Deduktion erfolgen muß, verdeutlicht das Beispiel *Xanthoria.* Diese Flechtenart, die nach der Literatur eine höhere Toxitoleranz als *Hypogymnia physodes* besitzt, demnach also ein ähnliches Verbreitungsmuster haben müßte, existiert im UG lediglich im äußersten NW im Bereich niedrigster Immissionsbelastung.

Bezeichnend im Hinblick auf die Immissionsbelastung des UG ist weiterhin die Artenarmut der Flechten sowie der zahlenmäßig überwiegende Anteil niedriger und mittlerer f-Werte. Besonders von den Arten mit hohem Q-Wert (sehr empfindlich) erreichen nur wenige den f-Index 4 oder 5. Die Ursache liegt auch hier in dem hohen Schadstoffgehalt der Luft, der die Stoffwechselaktivität der Flechten mindert.

Die gleiche Auffassung vertritt Schönbeck (1972), in dem er die artenarme Besiedlung des Münsterlandes auf den Transport von Immissionen aus dem Ruhrgebiet zurückführt. Nach Barkman (1970) sollen diese Immissionen auch für die flechtenfreie bzw. flechtenarme Zone des sich im Westen an das UG anschließenden Bereich der Niederlande verantwortlich sein. Lediglich der Raum Winterwijk, der das UG im äußersten NW gerade noch tangiert, wird als subnormale Zone beschrieben. Damit findet auch die Vermutung eine Bestätigung, daß es sich bei den Stationen 8.01 und 9.01 um einen Beginn bzw. einen Teil eines größeren und epiphytenreicheren Areals handeln könnte.

Bietet nun die IAP-Methode die Möglichkeit, auch Aussagen, unter genetischen und prognostischen Gesichtspunkten, über die Immissionsbelastung des UG zu machen? Die Antwort soll im Rahmen eines Vergleichs der vorliegenden Ergebnisse mit denen der Untersuchung des industriell-urbanen Ballungsraums Untermain versucht werden. Dort hat Kirschbaum (1973) nach der gleichen Methode und an gleichem Substrat die epiphytische Flechtenvegetation kartiert.

Vergleicht man die Gesamtfläche der jeweiligen Untersuchungsgebiete mit den entsprechenden als flechtenfrei ausgewiesenen Räume, so werden im Münsterland 50%, in der Region Untermain dagegen nur 10% als flechtenfrei ausgewiesen. In der Region Untermain ist dabei der Verdichtungsraum Frankfurt voll in die Prozentzahl mit einbezogen, während es sich im anderen Fall nur um das ländlich strukturierte Münsterland handelt. Während man sich in der Region Untermain, gemessen ab Stadtrand Frankfurt, in 20 km Distanz bereits tief in der sog. Übergangszone befand, so nahm sie im Münsterland, bei gleicher Entfernung ab Nordrand Ruhrgebiet, gerade erst ihren Anfang. Kirschbaum fand insgesamt noch 24 Flechtenarten, im UG Münsterland kamen nur noch 16 von. Wenngleich für die epiphytische Flechtenvegetation des Münsterlandes keine gesonderten historischen Aufzeichnungen vorliegen, so lassen sich die beiden Werte dennoch vergleichen. Kirschbaum führt für die Zeit von vor 100 Jahren noch 180 epiphytische Flechtenarten an Laubbäumen an, was einem Rückgang von 86% entspricht. Rechnet man im Münsterland nur allein mit dem Rückgang der Strauch- und Blattflechten, so kommt man auf 90%. Unter Einbeziehung der übrigen epiphytischen Flechtenarten dürfte sich dieser Prozentsatz eher noch erhöhen.

Da der Toxitoleranzwert (Q-Wert) abhängig ist von der Anzahl der Flechten pro Station, soll er im folgenden als Vergleichsgröße dienen (Tab. 18).

Tab. 18. Toxitoleranzgrenzwerte der Flechtenarten nach Heidt & Kirschbaum (Q-Wert)

Flechtenart	Heidt	Kirschbaum
Lecanora varia	4	6
Lepraria spec.	4	8
Physcia tenella	6	7
Buellia punctata	6	6
Hypogymnia physodes	6	7
Candelariella xanth.	6	8
Parmelia acetabulum	6	10
Parmelia sulcata	7	7
Parmelia exasperat.	7	9
Parmelia saxatilis	8	11
Physcia orbicularis	8	8
Evernia prunastri	9	10
Lecanora subfusca	9	8
Xanthoria parietina	9	10
Platismatica glauca	9	11
Cladonia spec.	10	11
Ramalina pollinaria	–	13

Es ist zu erkennen, daß die Toxitoleranzwerte bis auf eine Ausnahme bei Kirschbaum höher liegen, d.h. es müssen dort mehr Flechtenarten mit der jeweiligen Flechte vergesellschaftet vorkommen, als im Münsterland.

Folgt man weiterhin der Definition des Toxitoleranzfaktors, wonach steigende Empfindlichkeit sich in höheren Q-Werten ausdrückt, so sind die Flechten des Münsterlandes unempfindlicher gegenüber Luftschadstoffen als die entsprechenden der Region Untermain. Bei einer Gegenüberstellung der Q-Werte muß natürlich beachtet werden, daß dieses streng genommen für das jeweilige UG Gültigkeit besitzen, da die Flechten neben der Konzentration der Immissionen noch zusätzlich auf deren Zusammensetzung, Einwirkungsdauer sowie auf die vorherrschenden klimatologischen Parameter reagieren.

Ruhrgebiet und Rhein-Main Gebiet unterscheiden sich natürlich in ihrer industriellen Struktur und Genese. Geht man von der historischen Entwicklung aus, so sind die Emissionen des Ruhrgebietes schon seit Mitte des vorigen Jahrhunderts in immer stärker werdenden Konzentrationen in das Münsterland verdriftet worden. Die Zeit der Beaufschlagung ist demnach entschieden länger und intensiver als in der Region Untermain. Dort erfolgte erst mit der starken Industrialisierung nach dem 2. Weltkrieg eine erhebliche Zunahme der Immissionen. Auch in der Art der Emittenten, und damit in den Zusammensetzungen der Schadstoffe, unterscheiden sich die beiden Gebiete. So fehlen die Anlagen der Schwer- und Stahlindustrie sowie die Kokereien als Großemittenten im Rhein-Main-Gebiet völlig.

Weiterhin differiert die relative Feuchte für beide Gebiete erheblich. Im Gegensatz zum Münsterland weist die Region Untermain mit 65% relativer Luftfeuchte im Jahresmittel recht niedrige Werte auf (Kirschbaum, 1973). Hierin liegt aber ein eminent wichtiger Unterschied, erhöht sich doch mit der Luftfeuchtigkeit die Stoffwechselaktivität der Flechten und damit auch die Aufnahmerate toxischer Stoffe.

Insgesamt ergeben sich also 4 Ursachen für die stärkere Deterioration der münsterländischen Flechten:

1. Höhere Immissionskonzentrationen,
2. früher einsetzende Belastung mit Luftschadstoffen,
3. zahlreichere Schadstoffkomponenten,
4. durch höhere Luftfeuchtigkeit intensivere Sensibilisierung der Flechten.

Welche Veränderungen in der epiphytischen Flechtenvegetation sind auf Grund der Maßnahmen der Raum- und Regionalplanung im UG und einer dadurch bedingten Modifikation der SO_2-Belastung zu erwarten?

Gemeinsam ist sowohl der Region Untermain als auch dem UG Münsterland eine Expansion infolge neuer Industrieansiedlungen. Wenn auch inzwischen die Möglichkeiten für eine Verminderung von Immissionen am Verursacher zugenommen haben, so bleibt durch die Zunahme der Quellen infolge neuer Anlagen die Gesamtimmission gleich oder nimmt nur geringfügig ab. Das heißt, daß in der Region Untermain mit einem stärkeren Rückgang der epiphytischen Flechtenvegetation zu rechnen ist als im Münsterland. Hier müßte – hielte die Regression der SO_2-Belastung an – eine Reduzierung der stark belasteten Zone 1 erfolgen. Aber schon die Meßwerte der Jahre 1970/71 lassen nur eine minimale Abnahme bzw. Stagnation der SO_2-Immissionen erkennen. Für eine Stagnation sprechen eventuell die Versuche mit Flechtenexplantaten von Schönbeck (1972), die ja während der Versuchszeit nicht geschädigt worden sind.

Im Gegensatz dazu haben jedoch die SO_2-Belastungen in den weiter vom Ruhrgebiet entfernten Gebieten zugenommen, ohne daß dies durch die Flechtenkartierung schon deutlich wurde.

Wenn auch für das Ruhrgebiet, wie dies die SO_2-Werte des Meßjahres 71/72 vermuten lassen, die Schadstoffbelastung absinkt (wobei man die Ursache in veränderten klimatischen Bedingungen sieht), so sprechen doch die geplanten Entwicklungen des Landesentwicklungsplans gegen eine solche Abnahme für das Untersuchungsgebiet. Danach soll sich die künftige Wirtschafts- und Siedlungsentwicklung des Ruhrgebietes in der Lippezone vollziehen. Damit werden aber neue Emittenten näher an den Zonen mit höherem Luftreinheitsindex angesiedelt bzw. ist mittlerweile schon geschehen. Als Entwicklungsschwerpunkt ist neben Dorsten-Wulfen auch Marl vorgesehen, dessen Emissionen der chemischen Werke heute schon weit nach N und NO verdriftet werden. Hinzukommt, daß als Entwicklungsachse 1. Ordnung die Strecke Haltern-Dülmen-Münster ausgebaut werden soll. Damit wird das UG in SW-NE Richtung mit Emittenten versehen, die für eine weitere Beeinträchtigung der zur Zeit noch günstigen lufthygienischen Verhälnisse (Zone 2 bis 4) sorgen werden. Unverständlich erscheinen solche Maßnahmen besonders unter dem Aspekt der Einrichtung von Erholungsgebieten, indem nämlich an dieser Entwicklungsachse die von der Bevölkerung des Ruhrgebietes stark frequentierten Naherholungsräume wie Haltener Stausee, die Waldgebiete der Hohen Mark, der Haard und der Borkenberge liegen. Wie aus der Untersuchung hervorgeht, befinden sich diese Regionen schon jetzt in der stark belasteten Zone 1, sodaß bei einem künftigen Ausbau der Entwicklungsachse mit einem weiteren Abbau der Erholungsqualität gerechnet werden muß.

Welcher unmittelbare Praxisbezug, insbesondere für die Belange der Raum- und Regionalplanung läßt sich den Ergebnissen der vorliegenden Untersuchung entnehmen? Wie eingangs ausgeführt, reagieren die Flechten auf die Gesamtheit der biologisch wirksamen Luftkomponenten. Somit spiegelt ihre Verbreitung die räumlich unterschiedliche Verteilung und Konzentration derartiger Immissionen wider. Die IAP-Werte zeichnen dementsprechend einen Immissionstyp vor, der sich zunächst einmal in der Beeinträchtigung der Flechten ausdrückt. Darüberhinaus erscheint es jedoch vertretbar – da diese Immissionen einen pflanzlichen Organismus schädigen – in den unterschiedlichen Luftreinheitszonen auch eine differenzierte Belastung der übrigen Organismen, tierische wie menschliche, zu sehen ohne daß bei diesen schon eine vergleichbare Deterioration zu erkennen ist.

Die epiphytische Flechtenverbreitung läßt sich demnach als Instrumentarium benutzen, um relativ schnell für eine Region oder einen urban-industriellen Ballungsraum eine recht zuverlässige Analyse der räumlichen Verteilung, Konzentration sowie Wirkweise (zumindest auf Flechten) der vorhandenen Immissionen zu erhalten. Ist dann erst einmal eine derartige Luftreinheitszonierung erstellt, so lassen sich bei einer Änderung der Emissionsverhältnisse leicht prognostische Aussagen über das zu erwartende Ausbreitungsfeld machen. Ebenso vermögen Flechten, die auf spezifische Schadstoffkomponenten reagieren, als Meßgeräte für spezielle Luftverschmutzungsverhältnisse eingesetzt werden.

Wenngleich die Flechten als Langzeitindikatoren in ihrer natürlichen Verbreitung nicht die augenblickliche sondern eine vergangene Immissionsbelastung widerspiegeln, so bietet sich für die Abschätzung einer derzeitigen Belastung die Möglichkeit des Flechtenexpositionsverfahrens an. Aus der Absterberate von *Hypogymniy physodes* (Schönbeck, 1972; Steubing, 1974) oder *Parmelia furfuracea* (Steubing, 1974) läßt sich die Intensität und zeitliche Abfolge der Schadstoffbeaufschlagung ablesen.

In der vorliegenden Untersuchung ist einerseits versucht worden, an Hand einer epiphytischen Flechtenkartierung, Aussagen über die Immissionsbelastung des südlichen Münsterlandes zu machen. Andererseits sollte in einem kurzen Ausblick gezeigt werden, daß derartige Ergebnisse in der Praxis Verwendung finden könnten, womit ein ökologisch fundierter Beitrag zur Raum- und Landesplanung geleistet werden kann.

8. ZUSAMMENFASSUNG

1. Die Immissionsbelastung eines 3.000 km^2 großen Teilraums des Münsterlandes, der sich nördlich an das Ruhrgebiet anschließt, wird an Hand einer Kartierung der epiphytischen Flechtenvegetation aufgezeigt. Erhebung und Auswertung der Daten richten sich nach der IAP-Methode von De Sloover & Le Blanc (1968). Kartiert wurde an 117 gleichmäßig über das Untersuchungsgebiet verteilten Stationen am mittleren Stammabschnitt von *Malus domestica*.
2. Die Kartierungsergebnisse wurden zu 5 Flechtenzonen zusammengefaßt, welche unterschiedlicher Immissionsintensität entsprechen. Diese Zonen sind bei einem überwiegenden W-O Verlauf von S (Zone 1 = flechtenarm) nach N (Zone 5 = Optimalzone) gestaffelt. Nach dieser Zonenanordnung nimmt die Schadstoffbelastung etwa ellipsenförmig von SW nach NO ab.
3. Insgesamt wurden an *Malus domestica* nur noch 16 epiphytische Flechtenarten aus dem Physcietum ascendentis gefunden. (Lahm wies 1885 allein für Strauch- und Blattflechten noch 111 Arten nach). Als Ursache dieses Rückgangs kommt die starke Beaufschlagung mit Immissionen in Frage. Ein enges umgekehrtes Verhältnis zwischen SO_2-Belastung und Stoffwechselaktivität, ausgedrückt durch den f-Wert (Frequenz-Deckungsgrad-Vitalität), konnte festgestellt werden.
4. Für einen Teil der Flechtenarten wurden Grenzwerte der SO_2-Verträglichkeit erstellt. Als gute Bioindikatoren für Luftverunreinigungen erwiesen sich *Hypogymnia physodes* und *Parmelia sulcata*.
5. Die pH-Werte der Rinde der Porophyten zeigten in ihrer Verbreitung ein umgekehrt proportionales Verhältnis zu der Intensität der Immissionen. Mit der Erhöhung der Acidität des Substrats ging die Flechtenbesiedlung zurück.
6. Keinen Einfluß auf die Verbreitung der epiphytischen Flechten hat die Höhenlage der Station, wohl aber deren Entfernung vom Emissionsgebiet. Ebenso begünstigen Leelagen die Flechtenentwicklung.
7. Es darf angenommen werden, daß die hohe Luftfeuchtigkeit im UG über die Sensibilisierung der Flechten den Vorgang der Schädigung durch Luftschadstoffe intensiviert.
8. Mit Annäherung an das Emissionsgebiet beschränken sich die Flechten auf die Besiedlung einer Himmelsrichtung, meistens des SW. Hinsichtlich der vertikalen Verteilung erfolgt eine gewisse Präferenz der Stammbasis.
9. Es wird in der Diskussion gezeigt, daß die Resultate der epiphytischen Flechtenkartierung Entscheidungshilfen für die Raum- und Regionalplanung sein können.

9. LITERATURVERZEICHNIS

Air pollution. 1964. Die Verunreinigung der Luft. Ursachen, Wirkungen, Gegenmassnahmen. Herausg. World Health Organization, Weinheim.

Altvater, N. 1964. Über den Einfluss der Witterungsbedingungen auf die Schwebestaubkonzentration in der Aussenluft. *Städtehygiene* 6 (15): 125-128.

Anders, J. 1928. Die Strauch- und Laubflechten Mitteleuropas. Jena.

Arzani, G. 1974. Ökophysiologische Untersuchungen über die SO_2- HCl- und HF-Empfindlichkeit verschiedener Flechtenarten. Diss. Naturwiss. Fakultät, Giessen.

Baddeley, M.S., Ferry, B.W. & Finegan, E.J. 1971. A new method of measuring lichen respiration response of selected species to temperature, pH and sulphur dioxide. *Lichenologist* 5: 18-25.

Barkman, J.J. 1958. Phytosociology and ecology of cryptogamic epiphytes. Assen (Holland).

Barkman, J.J. 1961. De verarming van de cryptogamen flora in ons land gedurende de laatste honderd jaar. *Natura* 58: 141-151.

Barkman, J.J. 1963. De epifyten-flora en -vegetatie van Midden-Limburg. *Verh. Kon. Nederl. Akad. Wetensch.* (Afd. Natuurk.), 2e reeks, 54 (4): 1-46.

Barkman, J.J. 1970. The influence of air pollution on bryophytes and lichens. Belmontia II, *Ecology* 97 (14): 197-209.

Berge, H. 1963. Das Problem der Luftverunreinigung. *Angewandte Bot.* 37 (6): 299-311.

Berge, H. 1963. Phytotoxische Immissionen (Gas-, Rauch- und Staubschäden). Berlin/Hamburg.

Bertsch, A. 1966. Uber den CO_2-Gaswechsel einiger Flechten nach Wasserdampfaufnahme. *Planta* 68: 157-166.

Bertsch, K. 1955. Flechtenflora von Südwestdeutschland. Stuttgart.

Beschel, R. 1950. Stadtflechten und ihr Wachstum. Diss. Univ. Innsbruck.

Beschel, R. 1958. Flechtenvereine d. Städte, Stadtflechten und ihr Wachstum. Ber. Naturwiss.-Medizin. Ver. Innsbruck, 52. Bd., (1957/58), Innsbruck.

Bibinger, H. 1967. Soziologisch-ökologische Untersuchungen der oberrheinischen epiphytischen Flechtenvegetation unter besonderer Berücksichtigung des Standortfaktors Stickstoff. Inaug. Diss., Freiburg.

Blüthgen, J. 1964. Allgemeine Klimageographie. Bd. II d. Lehrbuches d. Allg. Geographie von E. Obst, Berlin.

Bobrov, R.A. 1955. Use of plant biological indicators of smog in the air of Los Angeles county. *Science* 121: 510-511.

Boer, W. 1967. Fragen d. Luftverunreinigung vom met. Standpunkt aus gesehen. *Zeitsch. ges. Hygiene u. Grenzgeb.* 6: 412-419.

Böritz, S. & Ranft, H. 1972. Zur SO_2- und HF-Empfindlichkeit von Flechten und Moosen. *Biol. Zbl.* 91: 613-623.

Bortenschlager, S. 1963. Flechtenverbreitung u. Luftverunreinigung in Wels. Naturk. Jb. d. Stadt Linz, S. 207-212.

Bortenschlager, S. & Schmidt, H. 1963. Luftverunreinigung und Flechtenverbreitung in Linz. Ber. Naturw.-Mediz. Ver. Innsbruck, Bd. 53, 1959-63, S. 23-27.

Braun-Blanquet, J. 1951. Pflanzensoziologie, Grundzüge der Vegetationskunde. Wien.

Brightman, F.H. 1959. Some factors influencing lichen growth in towns. *Lichenologist* 1 (3): 104-108.

Brocke, W. 1970. Schwerpunkte der Schwefeldioxid-Emissionen. *VDI-Ber.* 149: 98-109.

Brodo, J.M. 1961. Transplant experiments with corticolous-lichens, using a new technique. *Ecology* 24: 838-841.

Brodo, J.M. 1966. Lichen growth and cities. A study on Long Island, New York. *Bryologist* 69: 427-449.

Buck, M. & Ixfeld, H. 1972. SO_2-Immissionsmessungen im Lande NRW. Nov. 70-Okt. 71. *Schrftr. LIB* 25: 101-105.

Buck, M. & Ixfeld, H. 1973. Immissionsüberwachung im Lande NRW. SO_2-Immissionsmessungen Nov. 71-Okt. 72. *Schrftr. LIB* 28: 63-66.

Buck, M., Külske, S. & Ixfeld, H. 1972. Smogwarndienst im Lande Nordrhein-Westfalen. *Schrftr. LIB* 25: 65-72.

Buck, M., Ixfeld, H. & Külske, S. Immissionsüberwachung im Lande NRW. Smogwarndienst. *Schrftr. LIB* 28: 41-49.

Büschenfeld, H. 1969. Das östliche Münsterland. Top. Atlas NRW, Bad Godesberg, S. 240-243.

Butin, H. 1954. Physiologisch-ökologische Untersuchungen über den Wasserhaushalt und die Photosynthese bei Flechten. *Biol. Zentralblatt* 73: 459-502.

Coker, P.D. 1967. The effects of sulphur dioxide pollution on bark epiphytes. *Trans. Br. Bryol. Soc.* 5: 341-347.

Dässler, H.G. & Ranft, H. 1969. Das Verhalten von Flechten und Moosen unter dem Einfluss einer Schwefeldioxidbegasung. *Flora* B 158: 454-461.

Dege, W. 1969. Das Hügelland um Haltern. Top. Atlas NRW, Bad Godesberg, S. 32.

Dege, W. 1972. Das Ruhrgebiet. Braunschweig.

De Sloover, J. & Le Blanc, F. 1968. Mapping of atmospheric pollution on the basis of lichen sensitivity. Proc. Symp. Recent Advanc. Trop. Ecol., S. 42-56.

Domrös, M. 1966. Luftverunreinigung und Stadtklima im Rheinisch-Westfälischen Industriegebiet und ihre Auswirkung auf den Flechtenbewuchs der Bäume. Arb. z. Rhein. Landeskunde 25, Bonn.

Ehrendorfer, F., Maurer, W.R. & Karl E. 1971. Rindenflechten und Luftverunreinigung im Stadtgebiet von Graz. *Mitt. naturwiss. Ver. Steiermark* 100: 151-189.

Effenberger, E. 1952-1953. Die Verunreinigung der Stadtluft durch industrielle Abgase und Geruchstoffe. *Städtehygiene* 3: 4.

Erichsen, C.F.E. 1905. Beiträge zur Flechtenflora der Umgebung von Hamburg und Holstein. *Verh. Naturw. Ver.* Hamburg 13: 44-104.

Erichsen, C.F.E. 1957. Flechtenflora von Nordwestdeutschland. Stuttgart.

Felföldy, L. 1942. A városi levegö hatasa az epiphytom-zuzmovegetaciora Debrecanten (Über den Einfluss der Stadtluft auf die Flechtenvegetation der Bäume in Debrecen). *Acta Geobotanica Hungaria* 4 (2): 332-349.

Fenton, A.F. 1960. Lichens as indicators of atmospheric pollution. *Irish Nat. J.* 13 (7): 153-159.

Fenton, A.F. 1964. Atmospheric pollution of Belfast and its relationship to the lichen flora. *Irish Nat. J.* 14: 237-245.

Flohn, H. 1963. Klimaschwankungen u. grossräumige Klimabeeinflussung. Arbeitsgem. f. Forschung des Landes Nordrhein-Westfalen. Natur-, Ingenieurs- u. Gesellsch. wiss., Heft 115. Köln/Opladen.

Follmann, G. 1960. Flechten. Sammlung; Einführung in die Kleinlebewelt. Kosmos-Verl., Stuttgart.

Frey, E. 1958. Die anthropogenen Einflüsse auf die Flechtenflora und -vegetation in verschiedenen Gebieten der Schweiz. Ein Beitrag zum Problem der Ausbreitung und Wanderung der Flechten. *Veröff. geobot. Inst. Ruebel* 33: 91-107.

Fünfstück, M. & Zahlbruckner, A. 1926. Lichenes (Flechten). In: Engler-Prantl., Die nat.

Pflanzenfamilien, Leipzig, 2. Aufl.
Garber, K. 1967. Luftverunreinigungen und ihre Wirkungen. Berlin-Nikolassee.
Geiger, R. 1960. Das Klima der bodennahen Luftschicht. Braunschweig.
Georgii, H.W. 1963. Die Belastung der Grossstadtluft mit gasförmigen Luftverunreinigungen. *Umschau* 63 (24): 757-762.
Georgii, H.W. 1965. Untersuchungen über Ausregnen und Auwaschen atmosphärischer Spurenstoffe durch Wolken und Niederschläge. Ber. Dt. Wetterdienst Nr. 100 (14).
Georgii, H.W. & Hoffmann, L. 1966. Beurteilung von SO_2-Anreicherungen in Abhängigkeit vom meteorologischen Einflussgrössen. *Staub* 26 (12): 511-513.
Gilbert, O.L. 1965. Lichens as indicators of air pollution in the Tyne Valley. Ecology and the Industrial Society, S. 35-47.
Gilbert, O.L. 1968. Bryophytes as indicators of air pollution in the Tyne Valley. *New Phytol.* 67 (15).
Gilbert, O.L. 1968. Biological indicators of air pollution. Ph.D. thesis, Univ. of Newcastle u. Tyne.
Gilbert, O.L. 1969. The effect of SO_2 on lichens and bryophytes around Newcastle upon Tyne. *Air pollution*, Wageningen, S. 225-235.
Gilbert, O.L. 1970. Further studies on the effect of sulphur dioxide on lichens and bryophytes. *New Phyt.* 69: 605-627.
Gilbert, O.L. 1970. A biological scale for the estimation of sulphur dioxide pollution. *New Phytol.* 69: 629-634.
Gilbert, P.L. 1971. Studies along the edge of a lichen desert. *Lichenologist* 5: 11-17.
Gräfe, K. 1963. Wintertemperatur, Schwefeldioxyd-Immission und -Emission. *Staub* 23: 557-559.
Grodzinska, K. 1971. Acidification of tree barks as a measure of air pollution in Southern Poland. *Bull. Acad. Pol. Sci.*, Cl. II, 19: 189-195.
Guderian, R. 1970. Untersuchungen über quantitative Beziehungen zwischen dem Schwefelgehalt von Pflanzen und dem SO_2-Gehalt der Luft. Ztschr. Pflanzenkrankh. u. Pflanzenschutz, Heft 4-7.
Guderian, R. & Schönbeck, H. 1971. Recent results for recognition and monitoring of air pollutants with the aid of plants. Proc. Second Intern. Clean Air Congress. New York, London, S. 266-273.
Guderian, R., van Haut, H. & Strathmann, H. 1960. Probleme der Erfassung und Beurteilung von Wirkungen gasförmiger Luftverunreinigungen auf die Vegetation. *Zeitschr. Pflanzenkrankh. u. Pflanzenschutz*, 67: 257-267.
Hale, M.E. 1952. The vertical distribution of cryptogams in a virgin forest in Wisconsin. *Ecology* 33: 398-406.
Hale, M.E. 1967. The Biology of Lichens. London.
Harris, G.P. & Kershaw, K.A. 1971. Thallus growth and the distribution of stores metabolites in the phycobionts of the lichens *Parmelia sulcata* and *P. physodes*. *Can. J. Bot.* 49: 1367-1372.
Haugsja, P.K. 1930. Über den Einfluss der Stadt Oslo auf die Flechtenvegetation der Bäume. *Nyt. Mag. Naturvidensk.* 68: 1-116.
Haut, H. van 1972. Nachweis mehrerer Luftverunreinigungskomponenten mit Hilfe von Blätterkohl (*Brassica oleracea acephala*) als Indikatorpflanze. *Staub-Reinh. Luft* 32 (3): 109-111.
Hawksworth, D.L. 1971. Lichens as litmus for air pollution: a historical review. *Int. J. Environm. Studies* 1: 281-296.
Hawksworth, D.L. & Rose, F. 1970. Qualitative scale for estimating sulphur dioxide air pollution in England and Wales using epiphytic lichens. *Nature* 227 (1): 145-148.
Henssen, A. & Jahns, H.M. 1974. Lichenes. Eine Einführung in die Flechtenkunde. Stuttgart.
Høeg, O.A. 1936. Zur Flechtenflora von Stockholm. *Nyt. Mag. Naturvidensk.* 75: 129-136.

Hofmann, H.J. 1973. pH-Wert Änderungen von Baumkorken und Flechtenbewuchs. Unveröff. Staatsexamenarb., Giessen.

Johnsen, I. & Søchting, U. 1973. Influence of air pollution on the epiphytic lichen vegetation and bark properties of deciduous trees in the Copenhagen area. *OIKOS* 24: 344-351.

Jones, W. 1952. Some observations of the lichen flora of tree boles, with special reference to the effect of smoke. *Rev. Bryologique et Licheniologique* 21: 96-115.

Kirschbaum, U. 1972. Flechtenkartierungen in der Region Untermain zur Erfassung von Immissionsbelastungen. In: Tagungsber. Ges. f. Ökologie, Giessen, S. 133-140.

Kirschbaum, U. 1973. Auswirkungen eines industriell-urbanen Ballungsraumes auf die epiphytische Flechtenvegetation in der Region Untermain. Inaug. Diss., Giessen.

Kirschbaum, U., Klee, R. & Steubing, L. 1971. Flechten als Indikatoren für die Immissionsbelastung im Stadtgebiet von Frankfurt/M. *Staub-Reinh. Luft* 31: 21-24.

Klee, R. 1970. Die Wirkung von gas- und staubförmigen Immissionen auf Respiration und Inhaltsstoffe bei *Parmelia physodes. Angew. Bot.* XLIV: 253-261.

Klee, R. & Warns, A. 1971. Aussagewert von Flechtenexplantaten für eine Immissionsbelastung. Ber. Dt. Bot. Ges. Bd 84, S. 515-522.

Klement, O. 1947. Zur Flechtenvegetation des Dümmergebietes. Jahrb. Naturh. Ges. Hannover, S. 289-302.

Klement, O. 1955. Prodromus der mitteleurop. Flechtengesellschaften. Feddes Repert. spec. novarum regni vegetabilis, Beih. 135, S. 5-194.

Klement, O. 1958. Die Flechtenvegetation der Stadt Hannover. *Beitr. Naturk. Niedersachsens*, 11: 56-60.

Klement, O. 1966. Vom Flechtensterben im nördlichen Deutschland. *Ber. naturhist. Ges. Hannover* 110: 55-66.

Kolkwitz, R. 1924. Flechten an Bäumen in ihrer Beziehung zur Luftbeurteilung. *Kleine Mitt. Mitgl. Ver. f. Wasservers. u. Abwässerbes.* 1 (4/5): 72.

Knabe, W. 1972. Immissionsbelastung und Immissionsgefährdung der Wälder im Ruhrgebiet. *Mitt. Forstl. Bundesversuchsanst.* Wien, 97 (1): 53-87.

Knabe, W. 1973. Zur Ausweisung von Immissionsschutzwaldungen. Dargestellt an der Waldfunktionskarte des Landes NRW. *Forstarchiv* 44: 21-27.

Knabe, W. & Luckat, S. 1974. Viele Möglichkeiten noch nicht genutzt. Passiver Immissionsschutz gegen Luftverunreinigung. *Umwelt* 4: 28-31.

Kunze, M. 1972. Emittentenbezogene Flechtenkartierung auf Grund von Frequenzuntersuchungen. *Oecologia* 9: 123-133.

Kunze, M. 1974. Flechten als Indikatoren von Luftverunreinigungen. Beih. Veröff. Landesst. f. Naturschutz u. Landschaftspflege Bad.-Württ. 5.

Lahm, G. 1876. Zusammenstellung der in Westfalen beobachteten Flechten. Jahresb. bot. Sektion d. Westf. Provinz. Ver. f. Wiss. u. Kunst pro 1875, S. 37-90.

Lahm, G. 1885. Zusammenstellung der in Westfalen beobachteten Flechten unter Berücksichtigung der Rheinprovinz. Münster.

Lahmann, E. & Prescher, K.W. 1972. SO_2-Immissionen in der Umgebung von Kraftwerken. *Staub-Reinh. Luft* 32.

Lange, O.L. 1953. Hitze- und Trockenresistenz der Flechten in Beziehung zu ihrer Verbreitung. *Flora* 140: 39-97.

Lange, O.L., Schulze, E.D. & Koch, W. 1970. Experimentell-ökologische Untersuchungen an Flechten der Negev-Wüste. *Flora* 159.

Laundon, J.R. 1967. A study of the lichen flora of London. *Lichenologist* 3: 277-328.

Le Blanc, F. 1969. Epiphytes and air pollution. *Air pollution*, Wageningen: 211-221.

Le Blanc, F. 1971. Possibilities and methods for mapping air pollution on the basis of lichen sensitivity. *Mitt. forstl. Bundes-Vers. Anst.* 92: 103-126.

Le Blanc, F. & De Sloover, J. 1970. Relation between industrialization and the distribution and growth of epiphytic lichens and mosses in Montreal. *Can. J. Bot.* 48: 1485-1496.

Le Blanc, F. & Rao, D.N. 1973. Effects of sulphur dioxide on lichen and moss transplants. *Ecology* 54: 612-617.

Le Blanc, F., Comeau, G. & Rao, D.N. Fluoride injury in epiphytic lichens and mosses. *Can. J. Bot.* 49: 1691-1698.

Le Blanc, F., Rao, D.N. & Comeau, G. 1972. The epiphytic vegetation of Populus balsamifera and its significance as an air pollution indicator in Sudbury, Ontario. *Can. J. Bot.* 50: 519-528.

Le Blanc, F., Rao, D.N. & Comeau, G. 1972. Indices of atmospheric purity and fluoride pollution pattern in Arvida, Quebec. *Can. J. Bot.* 50: 991-998.

Lötschert, W. & Köhm, H.J. 1973. Baumborke als Anzeiger für Luftverunreinigungen. *Umschau* 73: 403-404.

Mägdefrau, K. 1960. Flechtenvegetation und Stadtklima. *Naturw. Rdsch.* 13: 210-214.

Manier, G. 1971. Untersuchungen über meteorologische Einflüsse auf die Ausbreitung von Schadgasen. Ber. Dt. Wetterdienst, Nr. 124.

Mattick, F. 1952. Wuchs- und Lebensformen, Bestand und Gesellschaftsbildung d. Flechten. *Bot. Jahrb.* 75: 378-424.

Mielke, U. 1970. Das Wachstum rindenbewohnender Flechten in der Kleinstadt Osterburg/Altmark (DDR). *Hercynia* 7: 111-114.

Mrose, H. 1941. Die Verbreitung baumbewohnender Flechten in Abhängigkeit von Sulfatgehalt d. Niederschalgswässer. *Bioklim. Beibl. Met. Zeitschr.* 8: 58-61.

Natho, G. 1966. Flechtenentwicklung in Städten. *Drudea* 4: 33-44.

Müller-Wille, W. 1966. Bodenplastik und Naturräume Westfalens. Spieker 14, Münster.

Nienburg, W. 1919. Studien zur Biologie der Flechten. *Ztschft. f. Bot.* 11: 1-38.

Nylander, W. 1866. Les lichens des Jardins de Luxembourg. *Bull. Soc. Bot. France* 13: 364-371.

Ochsner, F. 1928. Studien über die Epiphyten-Vegetation der Schweiz. Diss. St. Gallen, 1927, und Jahrb. St. Gallen Naturwiss. Ges. 63.

Ochsner, F. 1933. Verdunstungsmessungen an Epiphytenstandorten. *Ber. Geobot. Forsch. Inst. Rübel*, Zürich 1932: 58-63.

Ochsner, F. 1935. Ökologische Untersuchungen an Epiphytenstandorten. *Ber. Geobot. Forschungsinst. Rübel*, Zürich 1934: 69-80.

Ottar, B. 1972. Sauere Niederschläge in Skandinavien. *Umschau Wiss. Tech.* 72 (9): 290-291.

Pearson, L. & Skye, E. 1965. Air pollution affects pattern of photosynthesis in *Parmelia sulcata*, a corticulous lichen. *Science* 148: 1600-1602.

Poelt, J. 1969. Bestimmungsschlüssel europäischer Flechten. Lehre.

Prinz, B. & Ixfeld, H. 1971 SO_2-Immissionsmessungen im Lande NRW. Nov. 69-Okt. 70., *Schrftr. LIB* 24: 7-13.

Pyatt, F.B. 1970. Lichens as indicators of air pollution in a steel producing town in South Wales. *Environm. Pollution* 1: 45-56.

Rao, D.N. & Le Blanc, F. 1967. Influence of an iron-sintering plant on corticolous epiphytes in Wawa, Ontario. *Bryologist* 70 (2): 141-157.

Ruge, U. & Förster, D. 1970. Versuch zur Beurteilung des Stadtklimas von Hamburg auf Grund der Verbreitung epiphyt. Flechten. *Städthygiene* 21: 30-32.

Rydzak, J. 1953. Rosmieszcenie i ekologia porostow miasta Lublina. (Dislokation u. Ökologie von Flechten der Stadt Lublin). *Ann. Univ. Mar. Curie Sklodowska* 8, Sekt. C: 233-357.

Sauberer, A. 1959. Die Verteilung rindenbewohnender Flechten in Wien – ein bioklimatisches Grossstadtproblem. *Wetter u. Leben* 3: 116-121.

Schinzel, A. 1960. Flechten und Moose als biologische Indikatoren d. Luftverunreinigung. *Städtehygiene* 4: 64-66.

Schmid, A.B. 1957. Die epixyle Flechtenvegetation von München. Diss. Univ. München.

Schneider, P. 1969. Das westliche Münsterland. Top. Atlas NRW. Bad Godesberg, S. 222-225.

Schönbeck, H. 1968. Einfluss von Luftverunreinigungen (SO_2) auf transplantierte Flechten.

Naturwissensch. 55: 451-452.
Schönbeck, H. 1969. Eine Methode zur Erfassung der biologischen Wirkung von Luftverunreinigungen durch transplantierte Flechten. *Staub-Reinh. Luft* 29: 14-18.
Schönbeck, 1972. Untersuchungen in NRW über Flechten als Indikatoren für Luftverunreinigungen. *Schrftr. LIB* 26: 99-104.
Schönbeck, H. & Haut, H. van. 1971. Exposure of lichens for the recognition and evaluation of air pollutants. Int. Symp. on Identification and Measurement of Environm. Pollutants, Ottawa, S. 329-334.
Schönbeck, H. & Haut, H. van. 1971. Messung von Luftverunreinigungen mit Hilfe pflanzlicher Organismen. Bioindicators of landscape deterioration. Prag.
Schönbeck, H., Buck, M., Haut, H. van & Scholl, G. 1970. Biologische Messverfahren für Luftverunreinigungen. *VDI-Ber.* 149: 225-234.
Schubert, R. & Fritzsche, W. 1965. Beitrag zur Einwirkung von Luftverunreinigungen auf xerische Flechten. *Archiv f. Natursch. u. Landschaftsforsch.* 5: 107-110.
Sernander, R. 1912. Studier över lafvarnes biologi. I. Nitrofils lafver Svensk. *Bot. Tidskr.* 6: 803-883.
Showman, R.E. 1971. Residual effects of sulphur dioxide on the net photosynthetic and respiratory rates of lichen thalli and cultured lichen symbionts. *Bryologist* 75: 335-341.
Skye, E. 1968. Lichens and air pollution. A study of cryptogam epiphytes and environment in the Stockholm region. *Acta phytogeogr. Suecia* 52: 1-123.
Steiner, M. 1952. Zur Expositionsabhängigkeit epixyler Flechtengesellschaften: das *Physcietum ascendentis* subass. *xanthorietosum substellaris. Ber. Deutsch. Bot. Ges.* 65 (8): 255-262.
Steiner, M. 1957. Rindenepiphyten als Indikatoren des Stadtklimas Vogler-Kühn. *Medizin u. Städtebau* 2: 119-124.
Steiner, M. & Schulze-Horn, D. 1955. Über die Verbreitung und Expositionsabhängigkeit der Rindenepiphyten im Stadtgebiet von Bonn. *Decheniana* 108: 1-16.
Steubing, L. 1965. Pflanzenökologisches Praktikum. Berlin, Hamburg.
Steubing, L. 1973. Immissionskataster als Bestandteil des Landschaftskatasters. *Natur. u. Landschaft* 48 (2): 39-43.
Steubing, L. The value of lichens as indicators of immission load (im Druck).
Steubing, L. & Klee, R. 1970. Vergleichende Untersuchungen zur Staubfilterwirkung von Laub- und Nadelgehölzen. *Angew. Botanik* 44: 73-85.
Steubing, L. & Kunze, C. 1972. Pflanzenökologische Experimente zur Umweltverschmutzung. Heidelberg.
Steubing, L., Klee, R. & Kirschbaum, U. 1974. Beurteilung der lufthygienischen Bedingungen in der Region Untermain mittels niederer und höherer Pflanzen. Staub-Reinh. *Luft* 34: 206-209.
Tallis, J.H. 1964. Lichens and atmospheric pollution. *Advanc. Sc. London* 31 (91): 250-252.
Trümpener, E. 1926. Über die Bedeutung d. Wasserstoffionenkonzentration für die Verbreitung d. Flechten. *Beh. Bot. Centralbl.* 42 (3): 321-354.
Türk, R., Wirth, V. & Lange, O.L. 1974. CO_2-Gaswechsel-Untersuchungen zur SO_2-Resistenz von Flechten. *Oecologia* (Berl.) 15: 33-64.
Vareschi, V. 1956. Die Epixylenvegetation von Zürich. (Epixylenstudien II). *Ber. Schweiz. Bot. Ges.* 46: 445-488.
Villwock, I. 1959. Ökologisch-physiologische Untersuchungen zur Frage von Grossstadteinflüssen auf die Verbreitung epiphytischer Flechten. Diss. Math.-Naturw. Fak. Univ. Hamburg, Hamburg.
Villwock, I. 1962. Der Stadteinfluss Hamburgs auf die Verbreitung epiphytischer Flechten. *Abhdl. Verh. Naturwiss. Ver.* Hamburg, Neue Folge VI: 147-166.
Wilmanns, O. 1962. Rindenbewohnende Epiphytengemeinschaften in S-W-Deutschland. *Beitr. naturk. Forsch. SW Dtld* 21 (2): 87-164.
Wilmanns, O. & Bibinger, H. 1966. Methoden der Kartierung kleinflächiger Kryptogamengemeinschaften. *Bot. Jb.* 85: 509-521.